コメは儲からない!?——「最適化農業」を目指して

杉山経昌

労働収益性の低いコメ

「コメはやめとけ！」、これが私の口癖である。

そうしたら、長田竜太氏が今度「コメを作れ！」をテーマにした本を書く、という噂がどこからか聞こえてきた。これは、一言いわせてもらわねば、と出しゃばってきた次第である。

18年前、1990年に脱サラして就農するときに、百姓になったらなにを作ろうかと考えた。真っ先に除外したのは花だった。たしかに花は収益性が高い。だが、「食いものを作りたい」と思ったのである。

また畜産も除外した。国際穀物市場依存度が高く、将来高騰することが予見できたし、感染症リスクを負いきれないと判断した。

	作物名	労働生産性	労働収益性
1	施設　金柑	¥3,435	¥2,184
6	サトイモ	¥2,064	¥1,108
13	人参	¥1,354	¥827
17	生果用甘藷	¥1,200	¥724
26	普通水稲	¥2,088	¥160

では、なにを作るべきか？　そこで、当時就農地と決めていた宮崎県綾町で栽培されていた「光合成で育てる植物26品種」の労働生産性、労働収益性をシミュレーションしてみたのである。

上の表は1時間働いたときに手元に入ってくる金額（＝労働生産性）と、経費をすべて支出したあと手元に残る金額（＝労働収益性）を、高い順に並べかえたものの一部である。

この綾町のモデルでは普通水稲は1時間働いて２０００円入ってくる。これは悪くない。だが、経費を差し引くと、なんとわずか１６０円しか手取りがない。

コメは機械費用の割合（労働装備率）が高く、利益のほとんどがそこに吸い取られてしまうのである。「働けど、働けど、楽にならざり　じっと手を見る」、石川啄木の世界である。

就農前シミュレーション

就農3カ月前には、自分が百姓になったら、どのような作物の組み合わせをどのような規模で栽培するか、生活費はどのくらいかかるのか、当時持っていたラップトップ・コンピューターの表計算ソフト上でシミュレーションした。

その結果をもとに、6種の予算（①土地・施設購入費、②農機具購入費、③一年分の農業直接経費、④二年分の生活費、⑤予備費、⑥危機管理費）だけ組んで、就農した。

このシミュレーション結果で驚かされたのは、私の就農モデルでは「純資本回収率」が8％という高率ということで、農業が超おもしろいビジネスなのだと勇気づけられた。投下資本が毎年8％もの高率で還ってくるのが保障されたのである。

「コメを作る」長田竜太氏の物語には、技術移転、アウトソーシング（業務の一部を専門企業に外部委託すること）など、労働装備率を下げ、資本の回収率を高める努力があらゆる場面で見られる。これは、氏が根っからの経営者であることを教えてくれる。

農業のこれからのスタイル

江戸時代以来の農業スタイルでは、お百姓さんの努力は100%物作りに集中していた。できた農作物はすべて「お上」に差し出し、マーケティングと経営は「お上」に従うのが当たり前だったのである。要するに、長いものに巻かれつつ、従うというのが、優良農家のモデルであった。

しかし、時代と環境、市場さらに消費者の意識も変わり、要求は多様化し、世界はめまぐるしいスピードで変化している。この現代の市場要求に応えるには、中央集権化したお上の指導に従うという呪縛を離れ、直接消費者の声を聞き、対応する小回りの利く経営が必要だ。

現代に通用するお百姓さんの理想は、マーケティング40%、経営管理40%、物作り20%だと私は考えている。長田竜太氏もそのような経営を志向しているように見える。

農業がこれから生き残る道は「最適化農業」にある！

私の最初の本である『農で起業する！』でも少し触れたが、日本の農業経営体に求められているのは「最適化の考え方」である。

それは技術の適用の場合もあるし、経営戦略や戦術の場合もある。

圃場の選択や作物の選択、経営規模の最適化まで各経営体の事情に合った取り組みが必要である。いまの日本の農業が直面している状況において、お百姓さんが生き残る道は、それぞれの切り口での最適化！　これ以外の選択肢はない。

私はいつも日本のお百姓さんにとっては「小さい経営」が安全で、楽しくて、楽チンで、格好良いのだ、と言っている。200万人のお百姓さんを40万人に減らさないで、500万人に増やすほうが、傾斜地・狭い農地・条件不利農業にとっても有利だと主張している。そして地産地消（身土不二《しんどふじ》と言い換えてもよい）すれば、地球温暖化防止にも役立つ。フードマイル（食料が輸送にともなって発生させる温室効果ガスの指標のこと。日本はフランスの10倍近く高い）も激減する。

コストダウンはいくらでもできる！

通常、農業経営は経費率が70％程度だから、もし農業経費を半分にできれば利益は2.5倍になる。経費を⅓にできれば、利益は3倍にもなる。栽培面積を倍にして利益を倍にするよりは、経費を半分にして利益を2.5倍にするほうがはるかに容易である。面積を半分にして労働時間を半分にし、生活をいまより50％豊かにする選択も可能なのである。

私の経費圧縮例は表で示すように½や⅓などという半端なものではない。まだまだコスト削減や効率向上はいくらでも可能だということを示している。

経費削減例	総合経費圧縮倍率／慣行農業比		どの段階で経費削減するか？		
	経費削減％	経費削減倍率	設計段階	購入段階	運用段階
ハウスビニール	93%	1/14	38%	25%	37%
農薬	95%	1/19.7	38%	6%	55%
肥料	88%	1/8	42%	29%	29%
電気	94%	1/16	56%	24%	21%
ひとの稼動	87%	1/7.5	44%	16%	39%

この表を示したのは、経費が1／14になったとか1／19.7になったと、驚かせるためではない。経費削減というと「資材業者を買い叩いて実現したい」と、ついつい他力本願で考えがちになるが、そうではないことを示すためである。

すなわち設計段階でのコストダウン、運用段階でのコストダウン、購入段階でのコストダウンと、三位一体の改革が必要になるのである。

三位一体の改革は政府に要求するものではなく、自分でするものだ。

三位一体改革のコストダウンの具体例

数字だけ示して逃げたなら、言葉の詐欺だと非難されそうな気もするので、勇気を奮い立たせて実例を開示してしまう！

個別には「それは問題だ！」とのご指摘もあろうが、なにとぞお手柔らかに！　前ページ表で示した経費削減例5項目のなかから農薬をピックアップして、我が葡萄園スギヤマの詳細な実例を公開する。

下の表は各対策と効果である。言葉が難解なのはお許し願う。自分でも時々わからなくなる。私の圃場では、ブドウ栽培にストレプトマイシンのような抗生物質は使わない、ジベレリンやフラスターやフルメットのような植物生育調整ホルモン剤は用いない、除草剤は使わない……など、経営の前提条件になっている要件も多いが、それらはあらかじめ与件として扱っているので、この農薬の原価低減事例表には含めていない。それでもこれだけのコストダウンが容易にできる。

必須条件は自分の圃場に合った防除暦を農薬在庫の残存を勘案しながら毎年設計す

農薬の原価低減事例								
設計段階	原価低減	累積低減	購入段階	原価低減	累積低減	運用段階	原価低減	累積低減
1.防除暦10G実棚反映	0.46	0.46	6.年間一括購入	0.75	0.30	10.手がけ	0.30	0.11
2.旧登録&Generic活用	0.80	0.37	7.予算購入	0.95	0.29	11.静電噴口化	0.70	0.08
3.成分近接排除	0.95	0.35	8.マルチベンダー化	0.85	0.24	12.最高倍率適用	0.80	0.06
4.木酢混用濃度低減	0.85	0.30	9.期限切れ許容	0.85	0.21	13.ねじ巻きTweak	0.84	0.05
5.有機リン/有機水銀禁止	1.35	0.40	10.適正荷姿なし	1.75	0.36			

ること。表の1．では10グラム単位で反映させる設定になっているが、現状は1グラム単位で計量できる料理用デジタル秤を購入して使っている。このことは、ほとんどのお百姓さんが購入した農薬を袋に少量残さないように溶かしてしまうのに対して、少しでも残して在庫に計上し、翌年の防除暦に組み込むことを意味する。

また「5．有機リン系／有機水銀系農薬の禁止」は与件とした前掲項目以外の自主規制で、35％のコストアップになっているが、それは含めている。「10．適正荷姿なし」とは、例えば35グラム買いたくても５００グラムの袋しか市場になければ受け入れざるを得ない。そのような過剰量買わなければならなかった**品目**は75％にのぼり、**量目**でも75％過剰量購入している。その問題が75％のコストアップになっている。

だが、それも計算に含めて95％、１／19.7のコストダウンを達成しているのである。重複になるが、これは経費を⅓に圧縮して経営面積を半分にし、労働時間を半減させ、いまより豊かさを実感できる可能性を示唆している。この「豊かさ」とは、もとよりお金のことではなく、自由時間や綺麗な空気や水、広々とした自然いっぱいの環境で、その豊かさを感じられる心（価値観の見直し）のことである。

「最適化農業」のための新公案

日本の政府は国民の食＝命をどのようなものにしようとしているのだろうか？　我々百姓から見える政策は、数々の矛盾で混沌としている様子だけで、まったく光が見えてこない。

海外のバイオ燃料の流れ、食料争奪戦を、これからもお金だけで解決できると考えているのだろうか？

現在見えてくるプログラムは、４ヘクタール以上耕作する意欲的農業者を認定して援助するとか、20ヘクタール以上耕作する特定農業団体等の組織を支援する、同様に20ヘクタール以上の経営規模の集落営農組織に助成して生産性を上げ、内外価格差を埋め、食料自給率を上げるといったものだ。

だが、これは日本のように山や島が多く、農耕可能面積（Arable Land）が国土の12％しかない国に合った政策なのだろうか？　どこからどう見ても可能性ゼロのこんな農業政策を信じている農業関係者が日本にいるのだろうか？

「アキレスと亀」の話はゼノンの有名なパラドックスだが、現在の農業政策にはそんな騙しのパラドックスが内在しているようなにおいを感ずるのは私だけだろうか？

「最適化農業」の流れに沿って、生意気にも新しい**公案**を提示してしまおう。

「戦略は正帰還（*1）すれば成功し、負帰還（*2）すれば失敗する」

*1：正帰還：Positive Feedback：結果が努力を元気付けてくれる仕組み

*2：負帰還：Negative Feedback：結果が努力の足を引っ張る仕組み

私の小さい経営はちょっとでも努力して経費削減すると、それだけ利益が増える。つまり、より小さい面積の農業経営が可能になり、努力したぶんだけ栽培面積を減らすことができる。したがって、ますます労働時間が減り、余裕ができる。大きな機械は不要になり、借金もする必要がなくなる。

アキレスと亀の関係でいえば、アキレスに向かって目標の亀が走ってくる。努力するほど目標そのものが自然に近づいてきてくれる仕組みである。このような構図を私は正帰還と呼ぶ。

一方、政府の進める農業近代化案は、大きな面積を集積しようと努力するほど、効率の悪い土地まで集めざるを得なくなり、生産性はどんどん下がる。大型機械を入れなければ効率は上がらないから借金が増える。

いろいろな仕事をバランス良くこなしていたお百姓さんに対してベルトコンベヤー式に一つの歯車になるように要求し、結果として適性でない仕事を押しつけざるを得なくなり、効率も生産性も意欲も、どんどん下がる。アキレスが頑張るほど目標の亀は遠ざかって行く構図である。これは負帰還そのもので、必ず失敗する。

これからの農業の流れ

最近地球温暖化の議論がかまびすしい。各国の現状と対策も報道されはじめた。例えば電力の自然エネルギー依存度をみると、日本とＥＵ先進国の間には「現状・対策・目標」

のいずれでも何十倍もの開きがあり、日本の立ち遅れが極めて顕著である。

日本の選挙民は「アリとキリギリス」でいうと、さしずめキリギリスだから、現在の大企業からお金を貰って動く政治家を支持している。そして将来の自然エネルギー企業は、いまのところお金を持っていないのである。

食糧自給の問題もまったく同じ構図でここまできてしまった。

食糧危機がくれば、ＥＵは生き残り、日本は自滅するかもしれない。

20世紀は産業界も「大きいことは良いことだ」と拡大路線で企画立案のすべてを進めてきた。だが21世紀に入って、先進各企業は、市場の飽和や温暖化の問題、さらには収益性の頭打ち現象などを踏まえ、社内に「オプティマイザー」（最適化担当役員）なる職種を配置するようになってきた。

大きくなくても良い！　効率の良い規模で活動するように、方針転換をしはじめたのである。

農水も30年遅れの理論に基づく後追い政策で、規模の拡大と生産性向上を目指すのではなく、現在と将来を見据えて、日本の実情に合わせた「最適化」政策が必要なのではないでしょうか?

最後に、長田竜太氏のこと

「コメはやめとけ!」と言ったあと「でもコメで成功するビジネスモデルを知っている」とつづけた。

長田竜太氏はこのビジネスモデルを完全に手のうちにしている。彼は根っからの百姓で、私のような「にわか百姓」とは違って筋金入りである。そして根っからの百姓でありながら、優れたビジネスセンスとマーケティングセンスを持ち合わせている。このセンスには敬服するほかない。

彼は事業を起こし、向かうところ敵なし。バリバリ仕事をこなす人という印象だが、話してみると、気配りの人であった。

彼も私同様、辛口だが、私のように地元で講演などはしようとせず、居住地から100キロメートル以遠に限っていた。地域の人たちを刺激したくないとの配慮であろう。だが、周りが放っておかないから、その半径も50キロメートル、30キロメートルと次第に狭まってきている。
輝いている奴というのは伝わってくるもので、私は10年以上前から「長田竜太」なる名前を知っていた。だが、直接まみえて、口角泡を飛ばしたのは２００６年1月の福岡でのフォーラム会場であった。

そこで彼に関して記憶に残ったことが2つある。

1つ目は、彼が金沢でプレゼンテーションの勉強会に参加しており、その勉強会はそれぞれの参加者が身銭を切ってつづけていること。若い農業経営者たちと「人に話し、伝え、説得する」、21世紀の農業経営者に必須の資質を共有し、その勉強会を通してマーケティングと経営を教えている。

2つ目は彼が「勝ち組、負け組」という分類が嫌いで、それをいうなら「勝ち組、負け組、待ち組」だというところ。「負け組」の呼称はチャレンジして失敗した人に与えられる勲章であって、再チャレンジして勝つチャンスを留保している人である。しかしおれは「負け組」だと自称する「待ち組」には永久にチャンスは巡ってこない。

チャレンジして向こう傷だらけの私には、実に心地良い解釈だった。

米で起業する！

ベンチャー流・価値創造農業へ

長田竜太

築地書館

はじめに

農業とコメは、可能性がビッグな産業！

はじめに

私は「日本キヌカ株式会社」というベンチャー企業の代表取締役社長をやっている。同時に、私はコメを作る「農業者」でもある。

この「ベンチャー企業の社長」という肩書きと「稲作農業者」という肩書きの取り合わせには、人はなんとなく違和感を覚え、私は異質な対象として見られる。

「コメ農家が、会社の社長⁉」

このような驚きの反応をいただくことがしばしばある。

おそらく、資本主義の最先端で革新的な創造を成し遂げようと日々努力する「ベンチャー企業」のイメージと、保守的で旧態依然とした「コメ農業」のイメージがあまりにもかけ離れているせいなのだろう。

とはいえ、私自身はこの「ベンチャー企業の社長」と「農業」の二つを特別異質なもの、奇妙なことだとは思っていない。というのも、私は**会社の起業というのはあくまでも「農業」の延長だととらえているからである。**もっといえば株式会社を作り、製品開発をし、商品を販売することも、私にとってはまさしく農業そのものである。

いつも私は自分のことを「第二種専業農家」だと名乗っている。

コメ兼業農家に一種二種があるように、コメ専業農家にも一種二種があってしかるべき現在、純粋なコメ作りによるコメの売り上げよりも会社でコメ糠を利用して作っている商品の売り上げのほうが高い。要するにコメ農家の新しい概念において「第二種」というわけである。

私が自分を「専業農家」である理由はすでに述べたように、会社、経営、開発、マーケティング、セールスといったことすべて含めて「農業」だと捉えており、これすべて専業にこなしているから専業農家なのである。

こう書くと「そんなものは農業じゃない！」という声が聞こえてくる。たしかに、これまで農業はそんなことを重要視してこなかった。

だが、これからの農業はもっと幅広く捉え、もっと自由に、そして楽しくおもしろくやっていくべきだと私は感じている。

もちろん「農家はみんな会社を作るべきだ」といっているわけではない（そういう農家が増えてほしいと思ってはいるが）。

そうではなくて、考え方次第、方法次第で、いまあなたがやっている「農業」も様変わりするはずだし、それはとても楽しくおもしろいことになるはずだ、と私はいいたいのである。

なるほど、たしかに農業、とりわけコメ農家の現状はとても厳しく「先行き真っ暗」という雰囲気に満ちている……コメの話に明るい話題がないのも現実だ。

しかし、ちょっとものの見方を変えれば、それは実は大きなチャンスだということに気づく。

実際、みんながみんな農業に魅力を感じて、わっと集まってしまえば、競争が激しくなり、さらに生き残るのも大変になる。

だが、いまのところ多くの人間が農業にドドドッと駆け寄ってくる様子はない。特にコメ農業には……。

これはメチャメチャチャンスである。

しかもこれだけ巨大な可能性が眠っているビジネスはほかにない。人の三大欲求である「食欲、睡眠欲、性欲」のなかでも、生存に関わる最も基本的な欲求なのが「食欲」であり、我々日本人の食の中心で、主食であるコメを担っているのがコメ農業である。

一時的な流行とは無縁だし、それどころかいま騒がれている「食の安全性」という観点からいっても、コメ農業の産業としての重要性はこれからの時代ますます高まっていくはずだ。

そういう重要な仕事を担っている農業者だからこそ、自分の考え一つで、仕事の方法を変えることにより、確実にそれに見合った結果がついてくる。

しかし現状、そのコメ農業が魅力的だと思われていないのは、いったいなにが原因なのだろう？

コメ農業は儲からないから魅力がないのだろうか……

実は原因はその手前にある。すなわち**意識の問題**である。経営において創意工夫を重視せず、作ったコメを農協に丸投げして、コメが値下がりして嘆く……コメは駄目だと嘆く。実はその嘆きの意識が、コメ農業を駄目にさせている大きな原因なのである。

自分で考え、自分で試み、自ら選択し、自ら責任を取るという姿勢がいま最も重要である。そうすれば、いま自分がなにをしたらいいのか、なにをするべきなのか必ず見えてくる。

3章で具体的に触れているが、農業という産業は可能性の塊である。だが、**その可能性を掘り起こすことができるのは、農業者自身なのである**。

この本はすでに農業にたずさわっている人、もしくは、これからたずさわりたいと考えている人たちに向けて書いた。またベンチャー起業設立の一つのサンプルとして、いま起業を考えているかたにも読んでいただけると思う。

本の構成は、以下のようになっている。

第1章「変歴専業農家誕生！」では、私のこれまでの来歴を辿り、自分がどのような経験をして、どのようにいまの考え方のスタイルを確立するようになったかを書いた。

そこでも書いているように、実に当たり前のことだが、私のしてきたことはすべて成功してきたというわけではない。一つひとつ階段を確かめるようにして、登ってきた（ときには、ひどく転んだ）。大きな困難や失敗に出会いながらも、なんとかここまで登ってくることができたのは、決してあきらめず、新しいことにチャレンジしつづけてきたからだと思う。私の経験から読者がなにかを掴んでいただければ、これに優る喜びはない。

第2章「幸福は、行動の積み重ねだけが保証する」では、農業という仕事をするうえで、私がいつも考えている**原則、仕事の方法、ものの見方**などをいくつか開陳させていただいた。

第3章「第一次産業が最先端産業になる」では、農業にいったいどれだけ可能性があるのか探ってみた。20世紀が「モノ」を欲求の対象とする時代だとすれば、21世紀は逆に、もっとソフトなもの、目に見えないものに対する欲求が高まる時代だと私は考えている。たとえば「環境」「命」「安全」などなど……これらに農業がどう応えられるのか考えてみた。これは、これからの農業のゆくえを、指し示していると思う。

本書を読み終えたとき、あなたが農業に対して、いままでにない熱い気持ちを強く燃え上がらせていることを心から願っている。

目次

第3章 第一次産業が最先端産業になる

1章
変歴専業農家誕生！

1

「専業農家」への道

おいら農家の末っ子次男坊

私は農家の3人兄弟の末っ子しかも次男坊。普通だとこちとら気ままな次男坊、どうせ農家の跡を継ぐこともなく、将来は家を追い出され、きままなサラリーマンになるんだろうなーなんて、ぼやーっとずっと考えていた。

将来はサラリーマンだから農業の経験は必要ない。しかし、実際は農家に生まれると、長男だろうが次男だろうが女だろうが男だろうが関係ない。物心ついたころから常に田んぼとの生活が日常になる。それは農家に生まれた宿命ということなのだが、上の兄や姉が同じように田んぼに駆り出されれば、家族一丸という結束力でいたしかたない。

小学校3年ぐらいになると、いよいよ本格的な田んぼデビューだ。

その前でも確かに農作業には行くことがあるが、幼少のころは大人の目からすれば、そのへんをうろうろしているガキにすぎず、まったく役に立たない。

だが、小学校3年生にもなると、いちおう手伝いに来いといわれる。多少は労働の足しにもなるだろうと、マイ長靴も買い与えられた。

この通称「田んぼの靴」、一度履くと汗を外に出すという機能性などあるわけもなく、「快適」なんていう言葉は地球の裏側まで飛んでいくほどの代物である。まあ農家なら一度は履くことになる登竜門的な履物であるといっていい（かなりオーバーではあるが）。

足の汗で農作業後は足にぴったりとくっつき、脱ぐにも一苦労、脱いだ後もその**凶悪な悪臭**は付近をすべて不毛地帯にしそうな感じ。この激烈な異臭は子ども心にも印象に残るものだったせいか、いまもしっかり覚えている。

イグサの怨念

その当時の我が家は、コメとイグサの栽培を行っていた。コメは機械化の進展によって、そんなに人手がいるわけでもないが、イグサはそのほとんどが人海戦術である。

イグサで特につらいのが、刈り取りの季節だ！ 梅雨明けと同時に、真夏の炎天下のもとイグサ刈りがはじまる。ただ外にいるだけでぶっ倒れそうになるくらい暑いのに、そこで過激な重労働を行うのだから、それは**想像を絶する作業だ**。しかも収穫後には泥染め作業があり、全身汗だらけの泥だらけ。頭から足先まで真っ黒になる。

家族みんなで泥だらけになって、イグサを泥染めしていたときのことである。小さな幼稚園児を連れた母親がたぶん泥がはねてついたら大変とばかり、そそくさと目の前を通っていった。しばらく行ったところで、母親が子どもになにかいっていた。

耳を傾けて聞いていると、

「勉強しないと、将来あんな仕事をしなくてはならなくなるのよ」……

10歳足らずの私は、正直恥ずかしいと思ったし、みっともないと思った！　穴があったら入りたい！　いまでもしっかりその光景は目に焼きついている。

いま思えば、その出来事こそが私のプルトニウム的原点なのかもしれない。

続・イグサの怨念

そんな私のふつふつとした核分裂は幼少期から思春期まで延々と続いた。高校生ぐらいになると、農家ではもう一人前の労働力になる。そうなるとイグサ刈のシーズンには登校前に田んぼへ行き、学校から帰宅するとまた田んぼへ行く。やはり機械化は進まず、イグサは相変わらず過酷な人海戦術！

特に学校へ行く前の農作業は始末が悪い。朝はなにかと慌てているもので、気にして泥をこまめに拭いてはいるのだが、ついつい首の後ろあたりに泥がついた状態で登校してしまう。

それを学校で女子に指摘されるのである。

「なにそれ！　首の後ろに泥ついてんの、ヤダー！」って感じで……

こんないやな女がどの世界にも一人はいる。それも必ずブス。

いまの高校生ならこんな高校生活を送っていれば、まずグレる！　そんな屈折した思春期を送りながら、グレなかったのはなぜなのか。そんなのは当たり前である。イグサ刈りがあまりにも過酷で、**グレる暇などない**からである。グレたりツッパったりするやつは、私にいわせれば、よほど暇で幸せな人間なのだ。

よくよく考えて、図に描いてみればわかる。矢印の屈折を何度も繰り返すと、もとに戻る。中途半端な思春期の屈折体験が非行を助長するのである。屈折するなら、ぐるっと一周するくらいの屈折体験が必要である。

これが自然の原理原則だ。

進路の選択枠がない！

高校も終盤戦になると「進路指導」も行われ、将来したい仕事について考えざるを得ない。

姉は嫁に行き、兄はスポーツ万能で勉強ができたこともあって東京六大学の一つに進学していた。姉と兄が生まれたときに母胎から**良いものを全部持っていってしまったのか**、私は運動音痴で逆上がりと倒立は自慢じゃないが、できた記憶がない。

さらに勉強は大嫌いで、成績は中の下あたりをうろうろするという、じつに中途半端なものだった。

将来について真剣に考えてはいなかったが、現実問題として、この成績では選択肢がほとんど残ってない。

されどこのまま高卒で農家の跡継ぎなんて、俺の人生真っ暗闇かよって感じかー、と思った。

農業者のための国立大学へ進学

この臨界点に達している核分裂を抑えることなど、誰にもできない状態だった。それを察したのか、父親は制御棒を入れて核分裂を抑える作戦に出たのである。東京の大学へ行く機会を与えてくれたのである。

ご承知のように「東京の大学」の「の」が、あるのとないのとでは大違い。

東京には大学がひしめきあっており、この成績でどの大学に入れるのか？　私も親も必死に探した先が、なんと探せばあるもので、将来必ず農業を専業でやるとの踏み絵を踏めば入れる大学。しかも国立！　クニタチではない、「コクリツ」である。さらに在学中の教科書はもちろん、**3度の飯つき**。さらには生活費まで国と出身県が負担するという大盤振る舞い。

農業後継者になるということは、なぜこんなに優遇されるべきものなのかと、18歳の私も不思議に思ったくらいである。とにかく学費を含めて激安大学であることは間違いない。私立大学へ進学した兄と比べてみれば、親が子どもによってコストのかけ方がかなり違っているのは、火を見るより明らかである。まあできの悪さゆえ、しょうがない。

その大学は農林水産省が直轄する大学。そうくれば、なんか親もカッコはつくし、私もカッコがつく。とにかくカッコがつくのであれば、それが一番！　それが一番！　東京の大学（「の」があるのが気になるが）へ進学、農林水産省というネームバリュー！　しかも農業後継者といえども「選ばれた人材」（大学のパンフレットのキャッチコピー）というのは、もう最高の気分である。

かくして、田舎の農家のできの悪い次男坊が東京へ進出することと相成ったのである。

大学生活での大酒

私が進学したこの大学、名前は「農林水産省農業者大学校」という。各省庁が管轄する大学校の中でも、最も有名で最も成績が優秀でないと入れないのが防衛大学校で、その真逆にあるのが、そう、私の母校である。

ただ名誉のためにいっておくが、この農業者大学校も開校当時は、東京大学（「の」はない！）に入れるレベルの人材が多くいたそうである。

ただ自分たちの世代には、その歴史的な面影もなく、どこをひっくり返してもデキの悪い田舎の兄ちゃんがぞろぞろいるだけである。

しかも全寮制とくれば、その結果は当然見えてくる。

常に酒盛りである。農家のコミュニケーションといえば、それはすなわち「ノミユニケーション」。在学中に飲んだ酒の量は半端ではない。近くの酒屋が毎日、軽トラックに酒を積みに積んで、寮へ配達する光景は日常茶飯事。うちの大学の寮で経営が成り立つほどである。

酒は私の人生において、いろんな場面で人間関係の潤滑油になってきたが、逆に失敗の原因を作ったのもこの酒である。

この後、酒が原因で人生の大きな転換期を迎えるという、とんでもない事態が起こる。

この腹痛はなんなんだ！

いつものように一日の勉学を終えて寮に帰り、生活習慣病のごとき酒盛りをしていると、なにやら横っ腹が痛い。べつに腐ったものを食べた記憶もない。念のためということで胃腸薬を飲んだが、酒と一緒に飲めば、本来なら効くだろう薬もただの粉。どう考えてもまともに効くはずがない。

だんだん腹痛はひどくなり、便所に行って気張るが下痢でもない。こんな底から痛みがくるのははじめてだ。

大学の先輩に聞くと、一言「酒の飲みが足らねーだけだ！」と一喝され、素直な私は酒をぐいぐい。いつの間にか傷みは消えたように思えた。

実は痛みはさらに大きくなっていたのだが、酔いがまわって**痛みを感じる神経がバカになっていただけだった。**

ご想像通り、翌朝は激痛で目が覚めた。もう転げまわるような痛みだ！ ヒイヒイ呻きながら、布団の上で悶えているうちに「これは病院に行くしかない」と咄嗟に悟った。

近くには永山病院という大きな病院があるが、タクシーで2000円くらいかかる。財布をみると3000円しかない。治療費から考えるとタクシーは使えない、と激痛の中で考えた。

幸い、永山病院へはタクシーを使わずとも行ける。寮の裏山を越えればすぐだ。頭と腹の中身をかき回されるような猛烈な痛みに耐えながら、裏山の山道を歩いた。

ちなみにいまでもタクシーはあまり使わない。

２０００円のタクシー代を稼ぐのにどれだけの売り上げを作る必要があるのか？　粗利益50％で４０００円の売り上げがいる。その４０００円の売り上げを作るために、どれだけの田んぼで汗をかく必要があるのか。イグサ刈の実体験として体にしみついている、そのつらさに比べれば、ただひたすら歩いたほうがいいと、自動的に頭が判断するので、いまでも都内の営業では山手線２駅程度はよく歩く。

切腹開眼物語

山道も峠に差しかかり、病院が眼下に見えてきた。

ただ痛みは限界を大幅に超えている。山の中をイテー、イテーと大声を出しながら、小走りに下って病院に向かった。

１時間ほどかけてようやく辿りついた病院の受付で「死にそうなくらい痛い。助けてくれー！」と叫んだ。診察をした医者が大慌てで、看護婦にすぐにオペを開始すると告げた。原因は盲腸。ただの盲腸だったらまだ良かったのだが、大人のこぶしくらいの大きさにまで膨張し、すでに破裂し腹膜炎を起こしている。すぐにオペが開始されたはいいが、一つ困ったことが起きた。まったく麻酔が効かない。

昨晩の酒の飲みすぎで、**まったく麻酔が効かない**のである。一刻を争う事態なのでノー麻酔でオペ開始。

羞恥心を感じながら体毛を剃られ、両手両足を縛られ、獄門のごとき切腹の痛さを実体験した。

切腹の後、あんまりの痛さで気絶したのはいうまでもない。無事オペが終わり、30分遅かったらあの世行きだったと医者にマジ顔でいわれた。

この瞬間、私の中で「なにか」が起きた、表現しようのない「なにか」が。

なんというか「人は死ぬんだ」と、はじめて言葉でなく、感覚で知った瞬間だった。言い方を変えれば、開眼したとでもいうべきなのか。もう少しで死ぬところだったという経験は、人を前向きに変えるエネルギーがあるらしい。

当時、私の担当になった看護婦さん（体毛を剃った人）が、メチャメチャかわいい子だった。まさしく「白衣の天使」そのもの！　退院時に、肩を並べての記念写真をお願いした。これまでそんな大胆なお願いなどしたこともない私が、ダメもとで思ったことを即行動に移していた。

もう吹っ切れた人間は誰にも止められない。イケイケどんどんはさらにエスカレートして、思い切って、「白衣の天使」をデートに誘ったのだ！

その勢いに押されたのか、ナンパは即成功！　それから「白衣の天使」が白衣を脱ぐ日には（要するに彼女の休日）都内でデートした。

農家の俺が、泥まみれになっていた俺が、こんなかわいい女の子と、手をつないで渋谷にいる……！

田舎者が、一気に都会人になったようで気分は最高だった。

シャバのことはシャバですむ！

実はそれまでの人生、農家に対する劣等感もあり、中学高校でも人前であまりしゃべることもしなかった。どちらかといえば、おとなしいほうの部類に入る人間だったし、ましてナンパなんてしたこともない。このタイミングで盲腸になったことを、死に軽くタッチした経験を、深く感謝した。

人生悪いことだと思っていることが、それが大きな試金石で、それをきっかけにして良い方向に向かうことが往々にしてあることを体験から学び、実感した。

それからというもの、ことあるごとに「死んだと思えば」という言葉を、頭の中の自分が叫び、それが私の行動を後押しするようになっていったのである。

退院してからというもの、みんな口を揃えて、まるで別人のようだと連発した。人前でよくしゃべるようになったし、人前に出てもなぜか緊張しない自分がそこにいた。

よく人は行動力なんてものを、他人を評価する一つの材料とするが、私にいわせればそんなもの大したものではない。**死んだと思えば怖いモノなどこの世にない**。三途の川を渡りそこねたやつが持つ特権ともいうべきものだ。どんな苦難でも逆境も、シャバのことはシャバですむ。

そんな価値観みたいなものが私の中で形成された学生時代だった。

もう一つの限界体験

学生時代でもう一つ話をしておかなければならない体験がある。

我が大学には農場がない。

農大なのに農場がないのである。農業は現場で学べということで半年間座学を離れ、よくいえば農業体験実習であり、実際のところは**丁稚奉公**のようなカリキュラムがある。

雄大な自然のなかで、農作業に没頭していると、いまでも私の原点はここにあるのだという思いがふつふつと湧いてくる。とても大きな気持ちになるが、炎天下での農作業中に水の補給は決して忘れてはならない（マジで危ない）。

自分の出身地からなるべく遠い場所へ行くことが条件で（脱走できないようにするため）、私は九州は久留米と大牟田の間にある大木町というところへ行くこととなった。なにしろ行ったこともない、聞いたこともない土地の知らない農家へいきなり住みこむわけだから、これまでの生活環境から大激変だ。

ある日、真夏の炎天下の実習で田の草取りをしていたときのことだ。気温は35度以上、直射日光で体感温度は40度以上。九州の夏は半端な暑さでない。草取りを延々と続けていると、あまりにも喉が渇いてきた。しかし飲み水はなく、近くに自動販売機らしきものはあったものの、金がない。

昼の休憩まではまだ1時間以上ある。

このままだと灼熱のアスファルトの上にいるミミズのような干し枯れのような状態になってしまう、と咄嗟に生命の危機を感じたのか、いきなり田んぼに穴をあけ、筋をつけ、少しずつ水を貯め、その水をしゃがんで口をつけて飲んだ。喉の渇きと異常な熱気のせいで、もう我を忘れた錯乱状態だった。

その晩、ものすごい下痢になったことはいうまでもない。

即就農して「俺ってホントに社会人？」

卒業したら**即就農！**　これは入学時に踏んだ踏み絵だ！　天地がひっくり返ろうが、

槍が降ろうが、雹が降ろうが、泣こうが叫ぼうが騒ごうが喚こうが言語道断！　農業後継者確保のために3年にもわたり血税を注ぎ込まれている以上、有無をいわさず即就農！　これが我が校の掟である。

ほかの大学生は懸命に就職活動をして、いくつも就職試験を受け、ようやく内定を得て、就職先が決まる。こちとら就職活動なんてものはなく、入学と同時に就職先は自宅と決定しており、就職とはつまり、ただ単純に大学から自宅に帰るというだけの意味でしかない。なんともまあ、お気楽というか、これじゃ社会人になったという自覚ができるわけもなく、田舎に帰って農業青年一直線かーって感じだ。

それから卒業して3年、バリバリ農業青年を決めこんで、親父のケツに金魚の糞みたくつながって農仕事をしていた。そんなある日、1通のはがきが届いた。

2 専業農家の修行時代

農家の給料3万円!?

それは高校の同窓会のお知らせだった。あの忌まわしき高校時代！　女子にモテるどころか、女子に首筋の泥を指摘されたことがまず頭に浮かぶ高校時代！

しかし同窓会の案内によると、高校3年の同窓会とのことで、理系のクラスだったこともあり男子がほとんどで、女子はたしか数名しかいなかった記憶がある。ヤローの友達はいたし、楽しい時期ではあった。

久しぶりに一杯やりながら、むかしの話でもするかと、「出席」で返信のはがきを出した。

同窓会当日は予想通り、数十人のむさくるしいヤローの集団がどよめきながら酒を飲んでいた。

同窓会ということで当然、みんな同年代。25歳の集まりである。このころの年代で、ヤロー集団だと話す話題は限られてくる。まず女の話、そして車の話。そして人様のフトコロの話、つまり給料の話である。

「俺はいま、月給20万だぜ！」と、大卒のやつが偉そうにいうと「俺は大学へは行けなかったけど、うちの会社景気が良いから22万もらってるんだぜ」と突っぱねる。

「いいなー、俺なんて13万だぜ！」と、農協に就職したやつがボヤク！　その横でフリーター決めこんでいるやつが「俺は時給だから安いけど、でも店長代理してるから時給1000円もらえるんだ」といった。そしてついに矛先は私にきた！

え？　俺か⁉

正直、言葉につまった！　その当時は自宅で農業してたんだから、給料なんてあるわけないし、せいぜい月3万円のこづかいをもらっていただけだった。でも、これまで3年間月3万円で十分だったし困ったことは特別なかった。そりゃそうである。うちに帰れば食事は3度きっちり出るし、夜はビールや酒もある。

車を乗りまわしたってガソリンは農協のスタンドで入れるから、親父の組合貯金から自動的に引き落とされる。3万円あれば月に2、3回は外に飲みに行けるし、べつにいいじゃんとばかり、正直に「月3万円」と答えた。

周りのやつらは一瞬きょとんとした目になり、「お前それはこづかいだろ!」「月3万円なんて、それって給料じゃねーよ!」「中学生じゃないんだから!」「まったく!」

農業ってなんなんだ!?

ガツンときた! そしてこの感覚は前にもあったことを思い出していた。

そうだ、子どもをつれた母親がいっていた言葉、「勉強しないと将来あんな仕事をしなくてはならなくなるのよ」……あのときと同じだ！

農業ってなんなんだ！

就職活動もなし。就職試験もなし。社会人になったと自覚する機会もなければ、大学卒業と同時に就農という普通の「就職」とは大違いのかたちで社会人。おまけに給料もない。こづかい3万円。「農業後継者は選ばれしもの」のように扱われる。後継者対策に頭を抱えている役人たちには、金の卵のように大事にされた。

また周りの人間からは、必ず「偉いねえ」と褒められる。なぜ就農すると褒められるのか。就職してもべつに褒められることはない。

大学を卒業すれば当たり前のこと、職に就くってことは誰もがする、ありきたりのことなのにもかかわらず、農業をするとなると「偉いね」とくる。

褒められても褒められても、嬉しくもなんともない。農業は誰もしない職業だから偉いのか？　儲からない仕事だから？　泥べたになって働くから偉いのか!?

不思議でしょうがない。もしかして農業に就くって、出家するようなものなのか？

いろんなことを、考えても考えても、結局こづかい3万円という現実は変わらない。

同窓会は恥ずかしい思いをして帰った。うちに帰ってから親父に怒鳴るように聞いた。

「いったい俺の給料はどうなっているんだ!?」

親父はきょとんとした目で「お前いまさら、なにをいってるんだ?」という状態だった!

でも親父も、その当時から青色申告を行っており、いちおうカッコとしては経営というかたちをしており、そこを突っつくと、

「お前の給料は税金対策で月12万円ということになっているんだ、つまり専従者給与ってやつだな」

……それで? それはわかった。それで?

親父はそれだけ言うと、平静な顔をしてテレビを観ている。

それで終わりかよ!

うちの経営内容を見せろといっても、ごちゃごちゃ書いた紙と領収書と組合貯金の明細があるだけで、経営内容なんて、こんなのいくら見たって、ちっともわかりはしない。

俺って一日働くと、いくらの儲けになるんだ! 時給いくらなんだ、俺って……

ただただ単純に、そう考えるようになった。

こづかいの前借りでNEC9801を購入

それからというもの、日々の農作業は儲けがわからないのに、働く意欲なんて湧くわけもなく、悶々と毎日仕事をしていた。

そんなある日、農業改良普及所より1通の案内が届いた。

中身を読むとパソコン簿記講座の案内で、参加者は自分自身の経営内容が把握できると書いてある。お！　これは渡りに船ってやつだ！

早速申し込んで講座へ参加した。会場を見渡すと50人くらいの農家の老若男女が入り乱れている。机の上にパソコンが2台置いてあり、どうもそこを叩くと経営内容が把握できるらしい。パソコンは見たことがあったが、触るのは初体験だった。

自分だけでなく周りの農家もパソコンを触るのがはじめてで、これが企業的農家の登竜門のパソコン&パソコン簿記かとまじまじと眺めていた。

講師の先生曰く、これからの農業経営はパソコンなしでは経営の発展はないウンヌンカンヌンと、30分ほど上から目線で偉そうに話をしていた。とりあえずキーボードに慣れていただくのが先（だったら最初からパソコンに触らせればいいものを！）だと、たった2台のパソコンを50人で回して使ったものの、結果は火を見るより明らかで、講習時間が1時間半で、30分は講師先生の偉そうなアリガタイお話で消費、残り1時間を50人で2台のパソコン。

慣れるどころか、マジな話、ホント触っただけにすぎない。そこですかさず最後にオチがきた！

偉そうな先生が一言。「慣れていただくには、パソコンを購入いただき、自宅にてキーボードに慣れ、そのうえでパソコン簿記の研修を受講するのがベストです」……

なんだそれ！　普及所とパソコン業者の罠にまんまとはまったと思った。

ただそのときは、なんとか自分の儲けが知りたいとの一心で、どうしてもパソコンが必要なのだ、と頭がいっぱいで、翌日パソコンショップへと出かけた。

パソコンはＮＥＣのＰＣ９８０１というものが置いてあった。このＰＣ９８０１の価格、
36万円也！ さすがに驚いた。怒りを覚えるくらい高い！

なんでこんなものが36万円もするんだ！　だが、もう後には引けない。

とはいうものの、もちろんそんな高額なパソコンを買う金があるはずもない。

そこで真剣な眼差しで、父親に「パソコンを買わないとこれからの農業経営はできない！」「時代に乗り遅れることになる！」とか、あーだこーだ説得したが、我が父もパソコンなんてものは見たことも、まして触ったこともない時代。

父曰く、

「そのパソコンというやつを買えば、稲刈りが早くなるのか？」

「そのパソコンというやつを買えば、田植えを早く終えることができるのか？」

と、マジ顔で質問してきた。

そんなことできるわけがない。

「作業の効率化ができないモノに36万円も出すやつがこの世にいるのか、この馬鹿たれが

ー！」

結論はこれまた火を見るより明らかだった。敗北。

だが、この関門を突破しないと次のステージには行けない。とにもかくにもパソコンがなくては、パソコンがなくてはと必死だった。

最終手段として取ったのが、こづかい3万円1年間の前払いである。これで36万円の現金ができた。いっぺんに1年分のこづかいが吹っ飛ぶのだから、清水の舞台からという言葉がもろに当てはまる。

パソコンをレジに持って行き、36万円を支払うときには手が震えた。これで後戻りはできない。「これで後戻りはできない」「これで後戻りはできない」と、エコーが頭の中でわんわん響いていた。

軽トラの荷台にパソコンを乗せ、家路についた。自宅にてパソコンのお披露目をしたが、ダンボールから出したPC９８０１を見つめる、家族の冷ややかな目……。

真っ赤な日商簿記3級テキスト登場！

こんなテレビも観られない、箱みたいなものがなんで36万円もするんだ！　こんなもので経営が良くなるのか！　そう責められると、さすがに返す言葉が見つからない。

それからというもの毎日キーボードを叩く練習をした。

人差し指で一つひとつキーを探すのだが、これがまた非常にストレスがかかるもので、こんなことでホントに経営が良くなるのかと、自分でも疑心暗鬼になってしまう。

第2回目の普及所でのパソコン簿記講座へ参加するべく、会場に入ると見るも無残な状況だった。参加者が前回から半分、25名となっていた。

どうも36万円の壁は相当厚かったらしく、パソコン購入をあきらめた人はもう参加していなかったのだ。前回同様、偉そうにしゃべる先生は「みなさんはもう企業的農家への階段を1ステップ前進した方々です」と**薄っぺらい笑顔**で、やけに明るい澄んだ声でいう。

その言葉に前回にも増して、こいつウサンくせーな、と感じたのは私だけではなかったはずだ。冷や汗が背中を伝った。

でももう後戻りはできない。自己暗示でもなんでも、とにかくポジティヴに考えるしかなく「そうだ、俺たち25名は選ばれし者たち、農業経営者なのだ！　そうなのだ」と、心の中でむなしく反復横飛びしていた。

パソコン簿記講座といっても、入力方法を学ぶのが主で、架空の数字を入れるだけのものだった。講座も3回目くらいになると入力した数字で決算ができるようになったが、決算ができるというより、決算書がキーを押すと自動的に作成されるだけで、出てきた数字がなんなのか、どういう意味をもっているのか、どこの数字が儲けなのか、これは良い経営なのか悪い経営なのか、さっぱりわからない。

なんだこりゃ、というのが正直な感想だった。

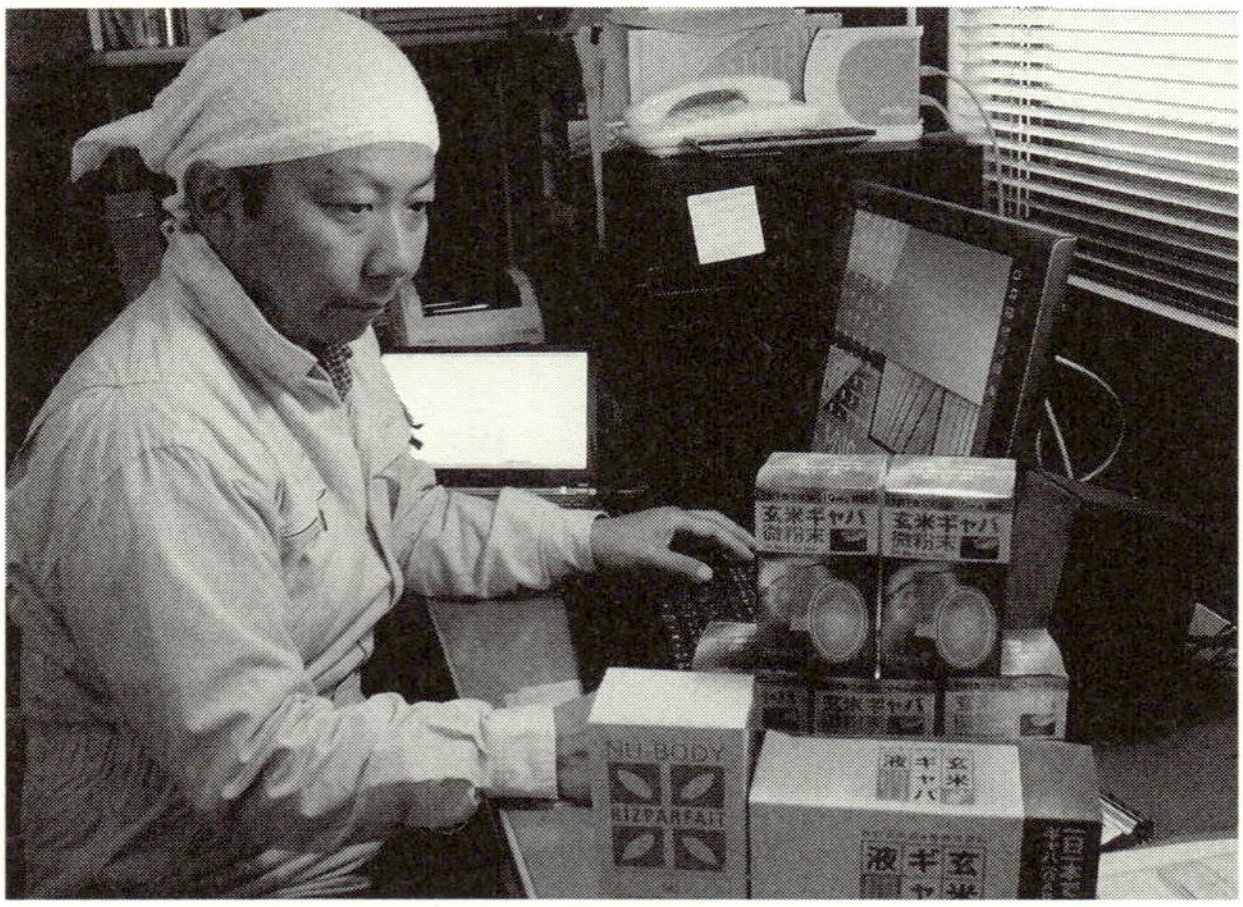

パソコンを扱う著者。パソコンを購入した当時は、現在に比べて性能も低く、非常に高価だったが、いまでは比較的安い値段で、高性能なパソコンを買うことができる。経営状況を一目で知るための必須のツールとなっている。また各種シミュレーションを行うときなども手放せない。ただし「パソコンさえあればどうにかなる」というものではない。パソコンは自分の代わりに仕事をやってくれる機械だから、自分ができないこと、わからないことというのは、パソコンにだってわからない！

それもそうだ。そもそも簿記を知らないのだから、いくら数字を入力して、出力させてみても、その数字の意味などわかるわけがない。そこで第4回目からは簿記を勉強することになった。講師が「次の講座からは、この真っ赤な日商簿記3級テキストを使って、簿記の基礎を学びます」といったのだった……次の講座からは、1000円の日商簿記3級テキストである。もしかして**最初からこれだけで良かったんじゃないか？**最初に簿記を学べば良かったのでは？　出費1000円ですんだのでは？

頭が混乱してきた。

日商簿記3級試験にチャレンジ

簿記の講座に入ると、会を重ねるごとに参加者が激減していった。貸し方借り方、指がいくつあっても足りはしない。キーボードにくわえて、ますますストレスがたまってくる。

もう参加しなくなった人のパソコンはいったいどうなったのだろうか、たぶん納屋の隅っこでほこりをかぶっているんだろう。ああ、もったいないもったいない。

会を重ねるたびに戦友がどんどん消え去っていく状態は、いかにも無残だ！　そもそもこんな年になって簿記を学ぶというのは、かなりの負担である。そのせいか、戦友たちはだいたい年齢順に消えていく。

私は「ここで消えてたまるか！」という、意地みたいなものもあり、最後の研修会までなんとかやり遂げた。

見事、最後まで残ったやつらは**なんと3名**。

ここまでやったのだから実際に試験を受けて、日商簿記3級試験に正式に合格するならば、これは農業者にとって快挙である。普及員たちも、合格すれば企業的農家の先端農家の農業経営者になれると、われわれ3名を煽る。

かくして簿記3級にチャレンジすることになったのである。

女子高生が経営者？

受験の日がきた！

久しぶりのこの緊張感！　就職試験がなかったぶん、これが社会人への登竜門だ。いや、それ以上に経営者としての登竜門なんだと気合を入れて試験会場に入った。

試験会場の扉を開くと、驚いた！　なななななんだ、この連中は！

異様な光景と女性フェロモンが五感を刺激した。私たち農家3名以外、全員女子高生ではないか。

それはそれは異様な光景である。

女子高生たちも、なんだこのおっさんたちは、という目で見ている。日商簿記3級は、商業高校で当たり前に受験して、そのほとんどが合格する程度のもので、これが社会人の登竜門、経営者の登竜門と思っていた自分が情けない。日商簿記3級合格で経営者ならば、この女子高生たちはみんな経営者候補になる。そんな馬鹿な話があるか。悶々として受験した。

後にも先にもこんなに勉強したことはないというくらい勉強した成果もあって、合格することができた！　ほかの３名も同じく合格！

それからというもの、ことあるごとに「長田さんは、パソコンで農業経営をされていて、さらに簿記検定も取得されている先進的企業的農家ですねー」なんて褒めちぎられる。

そんな言葉が次々とくると、人間はあたかも「俺って凄い！」なんて暗示がかかり、乗った調子に拍車がかかる。試験会場には女子高生だらけだったことは、記憶からきれいに消えて「俺は先進的企業的農家なんだ！」なんて、天狗の鼻が高くなっていた。

経営者と呼ばれるとなんかとても偉くなったような感じがして気持ち良かったし、もっともっとカッコをつけたいと思った。

ただパソコンで経営管理をしたからといって売り上げが上がるわけでもなく、経営内容が先進的になるわけでもない。だからせめてカッコだけでもつけなければ、やっていられないというのが本当のところだった。

これって経営？　え？　俺ってホントに経営者になってるの？

3

「普通の農家」からはみ出せ！——商品の特徴を伸ばし、売り上げ100倍!?

私はこれでイグサをやめました

まずカッコのつけ方としてやったのが、経営コンサルタントにお願いして経営診断をしてもらうことだった。「俺は経営コンサルタントにコンサルしてもらってるんだぜ！」って偉そうにいいたいだけのために……

この経営コンサルタントの先生との出会いが、私の人生を180度変えるものになろうとはこの時点では知るはずもない。この先生、後で知ったのだが「倒産防止アドバイザー」という肩書で、コンサルのスペシャリスト。数字と金にはとても鋭い見識と感性を持っている先生だった。

そんなこととは露知らず、ただただカッコつけたいためだけに、経営診断をお願いした。先生に会うと、まず第一声で「いまでは農家さんでも、パソコンで経営管理をして数字を出してこんなふうに経営診断をされるのですね。いやあ、すごいですね！」と、褒められるにちがいないと信じていたが、そんな期待していた第一声はなく、ただパソコンが出してきた決算書をしばらくの間じっと見つめて、それから一言！

「明日から**イグサをやめなさい！**」

呆然とした。

先生、何と？　あなたは、いったいなにをいってるんですか⁉

「明日からイグサをやめろといっているんだ！」と、一喝された。

想像をはるかに超える言葉に唖然としていると、先生は淡々と解説をはじめた。

決算書にあるコメのイグサの部門別収益で、コメが若干の黒字に対し、イグサが大幅な赤字になっている。くわえて、減価償却試算表でイグサ関連の機械がほぼ償却済みであり、いまがやめどき、機械を更新したらドツボにはまることになる。だから明日からでもイグサをやめることは、いまの経営を改善させる最善の方法である。

……というような説明をしてくれたのであるが、世の中そんな単純な構造でできてはいない。

経営上、イグサがガンであろうと、これまでこの地域の専業農家のかたちは、コメ・プラス・イグサが定番であり、一年間の作業工程上、しっくりくる。田植えが終わり、イグサを刈る。それが終わると稲刈り、またそれが終わるとイグサを植えつけ、そして冬には家内工業的にイグサで畳表を織る。これがいちばん良いかたちである。また地元ではイグサの青年部を設け、イグサの後継者不足を改善しようと気合を入れていた矢先でもあったのである。

そんなことはおかまいなしに、数字として経営診断すると明日からイグサをやめろということになるのだ。どうするべきか真剣に考えたが、このタイミングを逃すとドツボにはまるぞという言葉が引っかかり、結局はただ単純にしたがうことにした。

次の日「私、イグサをやめます」宣言をしたのである。

経営の方程式を叩き込め!

もちろん周囲は大騒ぎである。ただでさえ少ない後継者がイグサをやめたというのは、地域農業にとって大事件になる。また家族内でもイグサをやめるといっても、そう簡単にはいかない。

「コメ一本で冬場の仕事はどうするんだ!」

「出稼ぎにでも行くのか!」

このような多少の反対もあった。だが、コンサルタントの経営診断の理屈には誰も反論できないというのも現実だった。私はこの大勝負にかけてみた!

機械があると未練が残るということで、イグサ関連の機械は、すべてまるごと一つも残らず、鉄くず屋へ引き取ってもらった。納屋からはイグサの機械が消えて、すっきりした。ガラーンとした空虚な納屋を見て、もう後戻りはできないぞというプレッシャーでいっぱいだった。

さあ、どうする!?

イグサをやめた宣言の後、再度先生を訪ねた。「先生のいわれた通りイグサをやめました。今後どうしたら……」と持ちかけると、先生が教えてくれたのは一つの公式だった。

「『売上＝○×△』だ。○と△に適当な言葉を入れてみろ」というのだ。

○？　△？　なんだ、そりゃ。そんなこと考えてもみなかったが、目の前にあまりに当然のことが出現すると、人は意外とわからないものだ。

答えは単純。**数量×単価である。**10円のものを10個売れば、100円の売り上げになる。答えがわかると、小学生レベルじゃねーか、なんて思うが、意外や意外、先生によると、この単純な方程式が出てこない経営者も多いとか……

この方程式に基づいて先生がまくし立てる！　明日から数量を2倍にしろという！　数

量が2倍になれば、売り上げが2倍になるぞ、と煽り立てるわけだ。これは、あったり前田のクラッカーである（古い）。

この先生の口癖である「明日から」には困ったものだ。数量を2倍ということは、明日から田んぼの面積を2倍にしろということだろうが、そんなことできるわけがない。

「それなら、明日から単価を2倍にしろ！」

単価2倍だと!?　コメの値段が明日から2倍になるはずがない。国会議事堂で竹槍持ってエイエイオーってやっても、座り込みやっても、2倍どころか価格維持もできやしない。

当時、石川県のコシヒカリで2万円／1俵だったから、2倍となると4万円／1俵になる。そんなコメ、この世にあるはずがないじゃないか！

ハイ！日本橋三越でございます。

　できない、それは無理、厳しい、不可能です。と、言い訳を繰り返していると、先生が「できないなら売り上げは上がらないし、それにイグサをやめたんだから売り上げがさらに落ちるじゃないか」という。

　売り上げが落ちるじゃないかって……あんたがイグサをやめろっていったんじゃないか！　ここまでくると、私の心の中だけで泥仕合の罵り合いだ（現実には、怖くて言葉にできない）。

　少し間をおいて、先生はあるところへ電話しろといった。そこは日本橋三越、その地下の食料品売り場のコメ売り場へ電話して、一番高いコメはいくらか訊けというのだった。

　早速電話してみると、新潟魚沼産コシヒカリが10キロあたり7500円で売っていることが判明した。すなわち1俵換算すると、4万円のコメになるわけだ。あるじゃないか、4万円／1俵のコメが。

「それなら、明日からどうすればいいかわかるだろう。わかったなら、明日から行動あるのみ！　そうしないと、売り上げは急降下だぞ！」と背中を押された。

2倍の価格のコメがあった！

それは、すなわち農家直売のコメを意味する。ちょうど時を同じくして、特別栽培米制度という合法的なヤミ米の進化系が出てきたころだった。

出る杭は思いっきり打たれる

コメを農協に出荷せず、農家自らが販売することがどういう事態を招くか、それはそれは想像を絶するものだった。

まだ食糧管理制度という戦後の遺産がはびこっていた時代、農家直売の特別栽培米制度以前はヤミ米と呼ばれ、県境で検問までやっていたこともあるのだ！ただ、この特別栽培米制度は国が決めた政策とはいえ、長きにわたって「お米は全量農協へ」というシールが農家の軽トラに貼ってあるくらいの現場レベルである。

出る杭を思いっきり打ちにくる輩がいる。まず食糧庁食料事務所の役人だ！　自分たちの政策にもかかわらず、特別栽培米にはひどく非協力的である。

特にひどいのはお米の年間契約した家族ごとに、食料事務所の役人が事務的で無愛想な口調で、契約内容の確認のためお客様へ電話をすることだ。電話を受けたお客様側は、お米を契約して買うのに役人から取り調べみたいな電話を受ける。奥さんの年齢まで事務的に確認する無礼極まりないものもある。

当然、苦情の電話がうちにくる。制度の内容をひたすらお詫びをしながらお伝えするしかなく、なんでお客様に自分の作ったコメを直接届けることに、こんな馬鹿げた行政の事務手続が必要なのか、悔しく思った。21世紀を目前とした先進国である日本でこんなことが行われていることに爆発するくらいの怒りを感じていた！

さらに農協の抵抗はあまりにも露骨だった。

収穫を終えた特別栽培米の検査をなかなかしてくれないのである。検査証明がないと契約した家庭へ新米をお届けできない。

うちの特別栽培米新米は9月中旬に出荷準備完了！　ほかの農家の検査はとっくに終わっているのだが、なんだかんだと言い訳をしながら、検査を引き延ばし引き延ばしにするのである。その検査の遅れで、新米のお届けは1ヶ月近く遅れとなる10月半ばすぎになった。

「周りのスーパーや米屋にはとっくに新米が並んでいるのに、どうして契約した新米が届かないのか」と、お客様からクレームの問い合わせがきたのはいうまでもない。

農協も、農家の直売なんてそう売れるわけもないし長続きするわけないと思っていたのだろう。せいぜい1、2年もすれば、結局のところ売れなくて農協に泣きついてくるのがオチだと考えていたにちがいない。

農協以外にコメを出荷するという行為は、コメにおける抵抗勢力との戦いのはじまりでもあったし「くそー、いまに見てろよ！」というエネルギーが核反応を起こした瞬間でもあった。

そのエネルギーのおかげか、東京の住宅街をピンポーンぴんぽーんとピンポン営業を多いときには100軒以上やった。

「いまに見てろよ！　農協なんかに泣きついてたまるか！」。この、ふつふつとわいてくるネガティヴ・エネルギーが私の行動を支えていたのである。

「お客様をつかむぞ」大作戦が大失敗に終わる

そうして、なんとか半年ほどでお客様に共感いただき、お米を購入していただいた。食べたお客様からお礼状や「美味しかった」という電話をたびたびいただくこともできた。

これまでの苦労が報われる一瞬だった。

ただ全体の量からすると直売はまだ5分の1くらいにすぎない。口コミもなかなか時間がかかるし、思うようにはいかない。一気にお客様を確保しようと、ある作戦に出た。

農家直売がめずらしい食管法がある時代、コメ農家がコメを直売しているという情報が発信されていないのが売り上げが伸び悩む原因であると感じていた。そこで住宅街にチラシを入れようと思いついたのである。

その数3万枚！　印刷が10円、折り込みが10円だから〆て60万円の経費！　相当な覚悟だったが、これしかないと思った。念入りに住宅街は住宅街でも、高級住宅街を選び、折り込みをした。

その当時、農家ではめずらしいフリーダイヤルも新設、東京都内からのお金持ちのお客様からの電話を待った。「3万枚配れば、それ相応の効果は期待できる！　もし10軒に1軒の割合できたらどうしよう？　ざっと3000軒のお客様だ！　これではコメが足らないぞ！　いやいや、落ち着け、20軒に1軒くらいだろうよ！　待てよ、それでも1500軒！　やっぱりコメが足りねーよ！」

「捕らぬ狸の皮算用」とはまさしくこのことで、頭の中はそんな期待が渦巻いており、軽いパニック状態だった。予約受付開始9：00とチラシに書き電話を待った。いまさらながらに思うが、いくらフリーダイヤルといっても、電話回線は自宅用の1回線にすぎない。ここに1500軒から3000軒の電話がかかってくるなんて本気で思っていたのである。1回線では当然パンクする。テレビの通販番組でよくやっているが、あれは同一番号でいくつもの回線を設けているのが当然で、それでも通じないことがあるほどなのだが、そんなことはその農家のあんちゃんは知る由もない。

9:00ジャストに電話が鳴った。

チラシを見たとのこと。早速予約をいただいたのである！　フリーダイヤルである！　聞いてみると、もう飛び上がる気持ちを抑えて電話を切ると、直後にもう1本電話が鳴り響く！

さて、ここでクイズです。

全部でその日、注文は何件かかってきたでしょうか？　なななんと、この2件だけ……2件目の電話を切ってから、うんともすんとも電話が鳴らない。これは電話回線がパンクしているなと、このとき気がつき、116に問い合わせをしたが、「そのようなことはありません」と冷たい一言！

この2件のお客様のうち1件は、いまもご愛顧いただいている15年来のお客様だが、こ

収穫の秋。たわわに実った稲が嬉しい。現在、著者は直販で出荷しているが、当時は注文も微々たるもので、せっかくの豊作も必ずしも利益に直結しなかった。どのようにお客様を見つけるか、どのように販路を確立するべきかいつも考えていた。

の1契約を見つけるのに60万円ものコストをかけたことになる。このご家庭のひ孫の代までお米をご購入いただいたとしても、利益が出ない計算になる。

作戦は大失敗に終わった。

このダメージは大きかった。勢いよく啖呵を切った特別栽培米、いまさら農協に出荷できるはずもない。納屋の特別栽培米の山を眺めては、ため息をついていた。

これまでコメは秋の収穫と同時に、農協へ拠出して換金されていた。逆に「自分で売る」ということは、収穫時だろうがなんだろうが、収穫したコメを自分で売れなければ換金されないということである。

背筋に悪寒が走った晩秋だった。

商品の4つの側面

「明日から」、このほかにもう一つ経営コンサルタントの先生の口癖がある。

それは「カネがないやつは頭を使え！」である。「頭は使わないから悪くなる、カネは使えばなくなるが、頭はどれだけ使ってもタダなんだから、どんどん使え！」

もう一度、原点に戻ろうと思い、お客様はどのような目で商品を見て、購入するのかを考えてみた。そして自分のコメが優先すべきものは、いったい何なのかを頭を絞って考えた。

通常、消費者はP（＝プライス＝価格）、Q（＝クオリティ＝品質）、V（＝バラエティ＝品揃え）、S（＝サービス）を基本として、その中で自分の求めたい商品の優先順位で店や商品を選ぶ。

自分のコメはどれを優先順位にしたらいいのか、まず消えたのがP（＝プライス＝価格）だった。これは資本主義経済で動いている日本では、単純な価格競争をした場合、資本が大きいほうが必ず勝つということは本で読んだことがある。まして日本橋三越のように1俵4万円で売ろうと思っていたくらいなので、価格での勝負は最初から論外だった。

次にV（＝バラエティ＝品揃え）だが、自分はコメだけ、それもコシヒカリしかない。そういうわけで、品揃えも自動的に消えることになった。

残るは2つ。普通に考えると、まず間違いなくQ（＝クオリティ＝品質）に優先順位をおくことを選ぶだろう。

だが、そうするには少しためらいが残った。もちろん自分のコメの品質には自信がある。これはいまでも変わらない事実だが、農家は全国どこでも自分の作ったコメ、というより「育てたコメ」にはそれ相当の思い入れがあり、品質を客観視できない傾向がある。どの農家もあまり口にこそしないけれども、自分のコメが日本一だとまず考えているのであり、これを最優先にすると、見誤る可能性が大きいと思った。

セブンイレブンの考え抜かれた「サービス」

とすれば、残るは一つ。S、すなわち**「サービス」**である。

ある日、とても興味深い講演会を聞いた。

それはセブンイレブンのマーケティング戦略をテーマにしたもので、それを最前列で食い入るように聞いたのである。この講演は有料だったので、もとを取るために一番前に座った。

話は脱線するが、私は人の講演会にはよく行く。そこには経営のヒントがたくさんあるからだ。有料の講演会の場合、1万円から高いものでは3万円くらいするものまである。

ちなみに農業界の講演会は、無料が当然！　これでも人が集まらないので、夜は懇親会とセット、さらに晩酌つきにして、ようやく人が集まってくる。主催側の役所は農業予算消化で助かるし、農家は農家で無料だからということでやってくる。席は必然的に後ろから埋まっていき、前は必ず空いているという状態だ。


話をもとに戻すが、この講演会で驚いたのは、セブンイレブンはサービスという切り口を、セブンイレブンのマーケティング戦略として重要視しているということだった。

具体的な話をすると、いまではどこのコンビニでも導入しているが、ポス管理システムというものがある。これは、各店でいつ、どこで、どの年齢層の男女が、なにを購入したのかが、一目瞭然でわかるシステムである。

ある真夏の暑い日、外は35度を越える猛暑、東京都内のセブンイレブンで使い捨てカイロが一つ売れた。

ポス管理システムのパソコンの画面を見ていた担当者曰く「なぜこんな時期に使い捨て

カイロが店の棚にあるんだ！　商品管理ができていないんじゃないか。我慢大会でもするつもりか？　すぐに夏の商材に変えろ」といった。

ところが、また別の店でもう一つ使い捨てカイロが売れたのである。そして、もう一人の担当者があることに気がついた。

これは我慢大会のために買ったのではない。冷房病で悩むＯＬが買っていくのだと。いまではクールビズとばかりに冷房温度も28度あたりに設定しているところも多いが、ひとむかし前までは、都内のオフィスでは冷房をガンガンにかけていた。お昼休みにコンビニへ行ったＯＬが、たまたま棚卸しをしていなかった使い捨てカイロを見つけ、購入にいたったということをポス管理システムの画面は示していたのである。

翌日からセブンイレブンのレジ横には使い捨てカイロが山積みにされ、冷房病に悩むＯＬに大人気となったのは、いうまでもない。

「これがサービスという切り口だ」と講演者はいった。お客様に対して**「応える」こと**。「答える」ではなく「応える」、これがサービスの原点なのだ。そのように講演者は熱く語ったのである。

じつに感動的な講演会だった。

贈答用のためのサービスを提供する

家に帰り、うちのコメでサービスとはなにかを必死に考えた。「お客様に対して応える」といってもどうすればいいのだろうか？　まずはお客様の声を聞こうと購入者にアンケートをしてみたものの、あまり回答もこない。かといって「要望はありませんか？」と突然聞かれても困るのだろう。

ウンウンうなりながら考えていると、数少ない購入者アンケートの、ある回答を思い出した。こういうものだ。新米の季節に「お米を贈り物にしたいので、よろしくお願いします」という回答があったのだ。

固定観念ということなのか、通常、家庭ではコメを買って、自分たちの家でそれを食べる。当り前といえば当り前だが、農家はそれだけを頭に入れて、商品構成と価格設定をしていたのだ。実際には、コメの購入の際には2通りのニーズがある。

一つはもちろん自分自身で食べるためで、もう一つは贈答品としてのコメである。自分で食べるコメは10kg、5kgというかたちで購入するが、贈答用の場合は予算が先立つ。

つまり、5000円、3000円という価格が大事になってくるのである。あの方には5000円分はお世話になっているけど、6700円分はお世話になってないわねー、となると使えない。

そう、うちのコメは10kg＝6700円、5kg＝3450円という商品構成しかなかった。だから贈答用にしにくいのではないかと予測した。そしてコメだからこそできる、ある必殺技を思いついた。

価格に合わせて、コメの量を調整すればいい。そこでできたのが**7.5kg、4.5kgのおコメである**。これで5000円、3000円の価格設定。これをお客様にPRしたら、反応がすぐに得られた！

「これで贈答用に使える！」「新米が採れたら友人に送ってください」「親戚に送りたい」

最初に価格を決定してから、それに合わせてコメの量を調節するというアイデアで、かなりのお客様を掴むことができた。お客様がお客様を生む、という好循環が発生したのである。だが、新しいお客様を増やすこと以上に重要なのは、お客様からの信頼を保ちつづけることである。

などなど、たくさんのお客様からの手紙と依頼があった。また予想もしないことが、副産物的に訪れたのである。

コメを贈答された側はほぼ強制的に、うちのコメを食べることになり、それが試食となったのである。気に入っていただければ定期契約していただける。1人のお客様が贈答用で4軒ほどご利用になり、その中の1、2軒のお客様は定期契約を結んでいただけた。

また、この年は平成5年、あの凶作の年だった。よその農家は深刻な米不足に陥り、タイ米と抱き合わせ販売を行うやら、価格の異常高騰が見られた。うちもたしかに不作にはなったが、有機栽培の力もあり、少々の減収ですんだため、定期契約のお客様には価格も契約時のまま。うちのお客様はこの1年間、タイ米とは無縁だった。

翌年、うちのお客様から贈答用でいただいたり、紹介されたということで定期契約のお客様が急増した。

この時点で、うちの栽培面積をオーバーしそうな勢いがあり、農協出荷がこの年からゼロになった。ない頭を絞った2年間で失敗しながら出たアイデア、それに神風が吹いたのが功を奏したのだ！

褒めないコンサルが本物

イグサを止めてから3年目が経過した。「石の上にも三年」とはうまくいったもので、労働力を稲作と販売に集中した結果、コメの面積2倍、単価も2倍にすることができ、コンサルタントのいった方程式通り、売り上げも4倍となった。3年前のコメ+イグサ経営時の売り上げの4倍である。

もちろん利益率も必然的に上がる。

結果、翌年にはこれまで農機具を買うためにしてきた借金もすべて繰上げて返し、ついに翌年借金はゼロになった。いわゆる**無借金経営になったのである**。

稲作では機械の投資もあり、借金しないのは無理だろうと思っていたが、コンサルタントが「借金は寝てても糞しててても金利がつく。農家でよく『借金は男の甲斐性』なんていうアホがいるが、本当に甲斐性があれば借金などしなくていいのだからな!」と、口をすっぱくしていっていたのが頭に焼きついている。

人間ちょっと経営が良くなると、「人間」というかまあ私のことだが、やはり有頂天になる。「どうだ、すげーだろう」とコンサルタントに自慢しに行った。コンサルタントという生き物は、基本的に褒めるという単語が頭にないらしく、「いったい、なにがすごいのか?」と訊く。曰く「俺の言う通りにやって、その結果が出ただけじゃないか」と。

ガックリ。

落ち込んでいると、すかさず次の手がきた！

「4倍になったなら、次はその倍の8倍にしろ！」

コンサルタントとはこんな生き物である。だが、このような人間をこそコンサルタントというのだと、つくづく思う。

普通は社長の機嫌をとりながら、結果が少しでも良くなると褒めまくり、おべっかを使う。だが、こんなコンサルタントは本来ならば必要ない。憎まれ口を叩く役に徹しているのが本物のコンサルタントなのである。

ただし、その当時はそんなふうに思える、広い心はあいにく持ち合わせておらず、「少しは褒めたらどうなんだ！　4倍を8倍しろだと？　ふざけんな！」と、面と向かってはやはりいえるわけもなく、ぶつぶつ呟きながら帰った記憶がある。

売り上げ100倍の法則

翌日、友人から電話でセミナーの誘いがあった。農業関係のセミナーではなく、その名も「商業界ゼミナール」というもの。箱根の山に商業系の方々一同が集まるゼミナールなのだが、なんと会費が10万円！

ただコンサルタントの、売り上げを倍にしろ、という言葉がもやもやしていたので何かの突破口になればと思い、参加した。会費が10万円ということもあり、交通費節約で石川県から箱根まで軽トラックで行った。軽トラで500キロあまり走ると、腰や肩が痛くなる。ようやく会場である箱根のホテルに着いたら、入り口で警備員に止められ「業者は裏口に回れ！」と、どやされる始末。

参加者ですといっても信用してくれない。

商業界のツワモノぞろいの会場は、ベンツやBMWという高級車はもちろん、国産車も高級な車がずらり、そこへ軽トラでジーパンとトレーナーでは業者といわれても無理はない。

裏側の目立たない駐車場に停め、なんとか会場に潜入した（ただ、いま思い返してみれば、会費もきちんと払っているのだから堂々と入ればよかったのだと後悔している）。

まずはプログラムで一番聞きたかったセミナー会場へ向かった。会場は人気セミナーということもあり、すごい人数！　参加者はざっと800名ほどいるだろうか。

清水の舞台から飛び降りたつもりの10万円を払っているので、一番前に座ろうと進むが、さすがに農業界とは異なり、前列にすでに空席はなかった。なんとか5列目くらいの席を確保した。

このセミナーは、日本リテイリングセンターの所長で渥美俊一氏という、イオンやダイエーのコンサルタントだった方で、いまのチェーンストアー業界の立役者らしい。そこで聞いた話はこうである。開口一番、

「売り上げを100倍にしろ」

なんだとー！

4倍を、その倍の8倍にしろといわれて頭を抱えていたのに、100倍にしろだと!?

さすがに全国区はいうことがデカイ。いきなりドギモを抜かれた。

「100倍にするための発想法をまず教えるから、よく聞きなさい」と。

話の内容はこのようなものだった。


みなさんは、売り上げを来期は20%アップとか30%アップとかいっていませんか? これは現状の売り上げを1とすると、20%アップは1.2、30%アップでも1.3ということです。

売り上げ100倍ということは、いまの現状の売り上げを1とすると来期は100にするということです。この違いがなにかわかりますか。ズバリ、ものの見方が違うのです!

1を1.2や1.3にしようということは、1をもっとがんばろう! という考え方ですよね。がんばれば来期、1が1.2や1.3になるかもしれない。もっとがんばれば、1が2になるかもしれない。売り上げ2倍ということです。

売り上げ100倍ということは、1をどんなにがんばっても、ひたすらがんばっても絶対に100にならないということなんです。こんなことは馬鹿でもわかる。

最初の1.2や1.3は1を肯定しているのです。いまのやり方をもっとがんばろうということ。１００にするにはどうすればいいか、１を否定しない限り、できないんじゃないですか？　つまり、いまのやり方を変えようということなんです。

今回のテストが10点しか取れない受験生には、次のテストで12点や13点を取るためにはもっとがんばれというじゃないですか！　でも10点しかとれない受験生に、次は１００点を取れということになると、がんばれというより勉強の方法を変えなさいというほうが可能性が出てくるんじゃないですか？

1を否定しなさい。

あなたの現状をすべて否定しなさい。

かつて岡田屋という呉服屋がありました。岡田屋は、いまやイオングループに成長している。売り上げは当時の岡田屋の１００倍どころではない、１０００倍、1万倍になっている。この発想法をしたからです。このようなものの見方をしていなかったら、岡田屋はうまくいっていても、より大きな経営になった岡田屋のままでいるだけでイオングループにはなっていないのです。

「売り上げ2倍」という目標

・努力でなんとかなるかもしれない
・現状の延長線上にある目標
・現状を肯定している

「売り上げ100倍」という目標

・努力だけでは絶対に無理！
・だから発想の転換が必要になる
・現状を否定するところからはじまる

発想・方法を変えなければ、
利益を激増させることはできない

……この話、あまりにも衝撃的で背筋が凍りついた。いまでもその状況は克明に記憶されている。

また話は脱線するが、よく講演会でメモを取る人がいるが（これは役人に多い）、私だけかもしれないが、そのメモを講演会の後に見ることはない。講演会は、話している人の目を見て聞くことにしている。メモなんて取らなくても、感じるものは人はすべて記憶するものだ。ということは、役人はなにも感じないからメモを取るのかな？

4 産業廃棄物を宝に変える

糠の山は、宝の山？

このセミナーを終え、箱根から帰ってから1を否定するとはどういうことなのか、私は相当悩んだ。

私の1とは、これまでイグサをやめてコメ一本にして直売をして経営をしてきたことである。これを全部否定するとはなんなのか！　その日から、かなり延々と悩む日々が続いた。どこをひっくり返しても、なにも出てこない。

ただ一つわかっていたことがある。10ヘクタールまで面積規模を拡大し、お客様に直売してきた経営が、さらに今後、面積を倍の20ヘクタールにして、お客様を2倍にしていくとして、その利益率計算のシミュレーションをすると、あまり良い結果が出ないということだ。

利益率ということでいえば、いまの10ヘクタールが最良の結果なのである。いまの状態からさらに面積を2倍にしようとすれば、人件費と設備投資で加速度的に固定費の増加を生み、経営を圧迫することは明らかだった。

じゃあ、どうする!? 悩みながら、いつものように出荷する稲の精米作業をしていたとき、なぜかあるものに目がとまった。

糠である。

農家は普通は玄米で農協に拠出するため、糠が農家の手元に残らない。でも直売する農家には精米する工程でどうしてもコメ糠が出る。このコメ糠、もちろん生産原価はゼロ。これを売ればそのまま利益になる! そう考えた。ただし、このコメ糠、なかなかの厄介者ですぐ腐るし、肥料程度にしか使えない。

糠という漢字を、紙に書いてじっと見つめているとあることに気がついた。私が販売している「白米」、これを左右逆にして一文字にすると「粕」になる。

「糠」という字は健康の「康」の字が含まれている。「健康」の2字の間に「米」をおくと「健米康」。これをキュッと縮めれば「健糠」。すこやかなぬか、である。

粕が4万円で売れるのに、健康に関係するものが廃棄物で価値ゼロということはないだろう！　ますます糠に興味を持つようになった。

精米の過程でどうしても出てしまうコメ糠。1年間に日本でコメ糠はおよそ100トン（！）も出るといわれているが、その大半は産業廃棄物として処理されてしまう。これを有効利用できたら、すごいことになると思っていた。これが後に、コメ糠の商品化につながることになる。いまでも、もっと良い利用法はないかと考えている。

コメ糠の「ギャバ成分」にすっかり魅了される

そんなアンテナを張っていると、電波が引っかかってくるもので、ある日、某新聞で「コメ糠から血圧調整作用のあるギャバを抽出」「動物実験で効果確認」とあった。宝くじに当たったような昂ぶる気持ちで、舞い上がった（でも宝くじは当たったことがないのでどんな気持ちかは実は不明）。

舞い上がった気持ちは、とめられない。いてもたってもいられず、その記事中にあった大学の先生を訪ねた。もちろん場所は東京である。

気がついたら、大学の前に立っている自分がいた。「先生にお会いしたい」、受付でそう告げると「お約束ですか？」と訊かれ、約束なんてあるはずもなく、とにかく「先生に会いたい」の一点張りでごり押しした。かなり無理なことをしたものだと思うが、とても良心的な温和な先生だったこともあり、奇跡的に会うことができた。

そこで記事の具体的な内容を聞いた。聞けば聞くほどコメ糠からできるギャバのものすごさに魅了されたのだった。ただ最後に一言があった。

「このコメ糠のギャバについては、**国が特許登録している**ものですよ」

なんですか、それは？　国が特許を持ってる？　特許？　そんな難しいこと、ちんぷんかんぷんだった。魅了された後、谷底に突き落とされたような感じだ。国が権利を持っている⁉　それでは、手も足も出ないではないか。
帰宅するとき、羽田空港で沈んでいく夕日を見ながら、実際ひどく落ち込んでいた（当選宝くじの換金に行き、番号下一桁違いだったことがわかったときと同じ感じだろうか）。

農家のあんちゃんが国と特許実施契約！

でも惚れた女はあきらめがつかないのと同じ、どうしてもコメ糠のギャバを商品化したいという強い思いは、日に日に高まっていった。

隣の県で富山県があるが、むかしから「薬九層倍《くすりくそうばい》」という言葉を聞いており、つまり薬はめちゃくちゃ儲かるという喩えのこと。健康に良いギャバは、商品として強い魅力を持っているように思えた。

いてもたってもいられなかったが、農家のあんちゃんは当然、特許に関してはずぶの素人。特許のことは特許庁へ行けばなんとかなるだろうと、ただ単純そう思い、またまた東京へ向かった。

だが、特許庁に行っても「意味不明なやつが来たぞ」と細く鋭い目線で対応され、門前払い同然。また落ち込みながら特許庁から出て少し歩くと「棄てる神あれば、拾う神あり」、日本弁理士会館という建物に弁理士無料相談日開催中とあり「特許のことはご相談ください」と書いてあった。

ものすごい偶然である。本当にラッキーだった。

無料と書いてあるが、受付で本当に無料ですかと確認して、恐る恐る入った。

これまでの内容を相談すると、国が持っている特許を回避をするのはまず無理でしょうとこと。でも方法がないことはないという。

「今年から**特許流通促進事業**という施策が始動する。特許庁のＨＰに詳細があるはずですから、見てください」というではないか。

この事業、国の試験場や大学の特許や大企業の休眠特許を中小ベンチャーへ技術移転して、商品化してベンチャー育成をしようというものだった。中小ベンチャーは資金がなく、研究費や開発費が出ないため、特許となるような技術が出にくい。

一方、国の試験場や大学では開発した技術は論文発表が主で、特許を取得するということはこれまであまりなかった。また大企業は特許を取ることは取るが、商品化までにはならないものが多く「特許のお蔵入り」、特許が休眠しているケースが数多くある。

そこに橋渡しをすればお互いが活性化できるのではないかという施策だ。話はわかるが、農家のあんちゃんと国が特許実施契約を結ぶといわれても、そんなこと現実的にありそうにない。


国だぜ!


だって相手は国だぜ！　具体的に「国」とは、この場合、農林水産省中国農業試験場という広島にある国の試験場だった。

いまでは各県に2、3名はいる特許アドバイザーだが、当時はスタートしたばかりということもあり、全国で10名程度しかいない。運が良かったのはその10名のうち北陸で石川県に1名配属されていたということである。

もちろん、すぐにその方に相談に行った。門前払いが当然と思っていたが、大変熱心に話を聞いていただき、是非やってみましょうという運びとなった。つまり農林水産省、国と農家のあんちゃんの間に、特許庁が仲人役になることが決定したのである。

打ち合わせの日々が続いた。なにしろ前代未聞で過去に例がない。こんなことできるのかと半信半疑でアドバイザーと打ち合わせをしていた。

この際、会社を作って体制を整えようということもあり「㈲ライスクリエイト」を設立した。「米作りから米創りへ」、このコンセプトから会社名をつけた。

数ヶ月経って、アドバイザーから「事務的なレベルはすでに終わった。後は、私と広島に行き、特許開発者に直接会ってあなたの思いを伝えてほしい」といわれた。「そのあなたの思いの強さが、一番重要なポイントである」と。

早速、広島へ向かった。広島では、特許アドバイザーが試験場と交渉していただいており、私たちを出迎えてくれた。

試験場の待合室で、アドバイザーがこういった。「私たちができるのはここまでです。後はあなたの気持ちを相手に伝えるだけです。気合を入れて、がんばってください」

部屋に通されて開発者と面会した。話は大変和やかなムードで進み、面会は終了！　後日、結果をお伝えするとのことだった。

それから数日後、特許流通促進事業において**国内第一号で国と特許実施契約を締結するにいたったのだった！**　こんなことが現実にあるのかとマジで驚いた。

翌日の新聞紙面の経済欄に「国と特許実施契約　国内第一号」と記載されていた。コンサルタントの先生から電話が入る。

「農家で経済面に載るなんてめずらしいことだなー」という。

これって褒められていたのかな？

コメ糠ギャバの商品化へ！

「で、その後どうするの？」とコンサルタントの先生は続ける。「実施契約を結んだから、ライスクリエイトで工場作って製品化するのか？　そんな金はどこにある？」

一難去って、また一難。

先生のおっしゃる通りである。

出会いは人ばかりではない。本屋に立ち寄ったとき、目に飛び込んできた本があった。小さな会社の成功法則という本、ファブレス、アウトソーシングの活用法という本。いつもは立ち読み程度だが、直感でその本を購入していた。

中身を読むと、アメリカではメーカーといえども工場を持たない、ファクトリーレスの会社が多いとのこと。それで工場をすでに持っている会社に製造を委託して、自社ブランドを作ってもらうという方法が紹介されていた。

まさしくこれが俺の求めていたものだと感じた。他社の工場を使えば、大きな設備投資で借金はする必要もなく、リスクが少ない。

これだこれだこれだ俺の描いていたのは！　ノウハウを食い入るように読み。頭に叩き込んだ。

頭に叩き込んだはいいが、他社の工場ってどこにあるの？　ギャバを作れるとこって、どこなのか？　また「一難去って、また一難」である。

電話帳やらインターネットで、コメ糠ギャバを商品化できそうなところをしらみつぶしに探しては当たったが、そのほとんどがやはり門前払いだった。「ギャバ？　なんですか、それは？」みたいな感じで……それでも、なんとか設備がある会社と交渉できるようになり、試作をお願いした。試作でも、やはりカネがいるということで30万円という試作費用を要求された。

ここまできたんだから仕方ない。ようやく見つけた会社だから、ここにお願いしようと決め、30万円支払った。

何度か試作をしたが、思ったようなギャバの含有量までいかない。開発者から、より詳細な特許技術のノウハウを伝えてもらい、委託先に伝えてあるのにもかかわらずギャバの濃度が上がらない。製造方法に問題があるのではないかと思っても、企業の担当者の対応も「うちはいわれた通りにやっているだけ」と試作を重ねるごとに、だんだん冷ややかになっていった。

時を同じくして、販売先を見つけるためにベンチャーフェアJAPANに出展が決まっていた。出展すると反応はとても良く、やはり国の看板の強さに驚いた。

さらに、ある健康雑誌の記者が、新しい素材であるギャバに大変興味がある、もし良ければうちで大々的に特集を組みたい、と申し出てくれた。まさしく渡りに船だった。もちろん通販にも紹介され、そこでの販売もすぐに決定。この雑誌はかなり健康業界では有名で販売もかなり期待できると聞いていた。

話はとんとん拍子で進み、特集の日時と発売の日も決定した。

しかし、である。**肝心の商品化がまだ全然できていない**。このままではせっかくの話が水の泡どころか、雑誌社と通販から損害賠償ものである。

製造側と話をすればするほど意見が食い違い、自分で製造しないということの歯がゆさを感じていた。自分で製造しないデメリットもやはりあるのだ。

万策尽きて、タイムリミットが目前になり、パンフやラベルができあがっているのに、中身だけが未完成。

代々木の日本食品分析センターの最終試作でギャバ濃度の測定データが出た。試験結果が入った封筒を握りしめ、神に祈った……だが、やはり希望の数値には届かなかった。

向かいの神社の境内で座り込み、神様に八つ当たりして空を見上げながら、途方に暮れていた。

崖っぷちで救われる

何時間経ったのだろうか。もう周囲は薄暗くなっていた。こんなことで負けてたまるか。ここまできたんじゃないか。死んだと思えば、死んだと思えば、怖いものなどない！

そう自分に言い聞かせ、地下鉄に乗った。

製造者を変える！

大決断だった。このままやっていても、埒が明かない。そう思った。

そして、当然また振り出しに戻る。

電話帳やインターネットで製造先を探しまくった。時間がない。発売までに時間がない。

会社の仲間たち。いろいろな人間に支えられて、いまの私がいるのだなとしみじみと思う。

もう必死だった。30件近い会社に電話を入れ、ようやくある製造企業とアポイントが取れ、担当者と会うことができた。

この方、こちらの事情を大変よく理解してくれ、協力してくれることになった。ただうちではできないので、できそうな会社を紹介するとのことだった。

その紹介された会社、なんと富山県にある！　そうあの日本一の薬の県——薬九層倍（笑）——だ。お隣の県で、車で1時間の会社である。早速、紹介でその会社の社長に会った。

「事情は聞いている。俺も会社をはじめたころ、いろんな人に助けられて、いまの会社がある。あなたの思いをうちで形にしようじゃないか」と社長にいっていただけた。

面会後、帰りの車で私は号泣した。あきらめないこと。それが一番大事なのだと思った。仕事で最も重要なことは、あきらめないことなのだ。

肝に銘じた！

予期せぬ出来事

雑誌の発売日がきた！

そして同時通販での販売も開始された。事前ＰＲもあってか、予約の注文が入るくらいで、幸先の良いすべり出しだった。発売当日には、商品の到着を待ちきれないお客様が通販直売所につめかけるくらいの大人気だった。これも国の看板の効果なのである。

だが予期せぬ出来事が起こった。

通販の担当者から電話が入り、商品を乗せた運送会社のミスで、一部の商品が割れ、その液がほかの商品にもついて販売できないというのである。「ついては、至急追加の製造をお願いしたい」という。

自社工場であれば、不眠不休で製造するところだが、アウトソーシングはそう簡単にはいかない。ライン取りは最低3週間前に押さえなければできない。

何か新しいことをやる場合は、必ず予期せぬ出来事が起こると小泉元首相がいっていた。「まさかという坂」、これは新事業において常に隣り合わせである。

これが最初の「まさかの坂」だったのである。

売って売って赤字⁉

とにもかくにも商品を作らなくては、お客様の熱を冷ますことになる。製造企業の社長にお願いして無理を聞いてもらったが、やはり欠品が出た。

売れなくても困るが、売れても困る。つまりどちらにしても困る。これが商売だと知った。

なんとか綱渡り状態で売りぬいた結果、予測では1週間で1万本出れば大成功と思っていたところ、予想を遥かに上回る3万本を売りぬいた。

売れれば雑誌も特集を組みやすくなる。また特集の企画が上がった。雑誌との相乗効果で玄米ギャバ液は10万本まで売れる商品になっていた。

でも売れても、この商品に問題があることがわかった。これまでのドタバタで商品化を急ぐあまり、原価計算が大雑把で、売れてもうちにあまり利益が残らないのである。

商品化することに一生懸命になりすぎ、儲けを後回しにしてしまったのである。

骨折り損のくたびれもうけとはこのことだ！

クレームで大問題が

またこのことに気がついたころ、大事件が発生するのである。

通販会社から、お客様から味が変だというクレームがきているというものだった。その商品を回収して調べると、なんと一般生菌数が製造当初より増加しており、腐敗一歩手前であった。原因をすぐに調査した結果、キャップの閉める圧力が弱く、空気が入り腐敗したということが判明した。その商品だけでなく、その製造ロットすべてにその危険性があり、自主回収をすることになった。ただごとではない。

もし味の変化に気がつかないままお客様が飲んだらどうなるか。腹痛を訴え、保健所へ通報されてしまえば一巻の終わりだ。

それにもまして、お客様の健康を全面的に押し出している商品なのに、その商品で体を壊すなどもってのほか。**回収を急いだ。**ただ1ロット全体で1万本あり、流通しているものはすでに８０００本を越えていた！

通販会社も回収に協力してくれた。ただ回収されるまでの１週間は生きた心地がしない。もしももしもが頭をよぎって、寝ることができない１週間だった。

クレームが出てからすぐに原因と問題点を探った。もちろん今回の場合ＯＥＭ先の製造上の問題であったが、同じ商品形態だと、同じ問題が発生する確率は今後もゼロではない。

5 ベンチャー企業の方法論

ベンチャーの強みを活かす4次元プランニング経営法

そもそも、ただでさえ腐敗しやすい糠と水を一緒にすること自体が問題であり、製造上の問題点ともいいがたい部分もあった。それならば、水を使用しない商品であればよいと考えた。

ドリンクから粉末への転換だった。粉末にすることは、お客様からの要望でもいただい

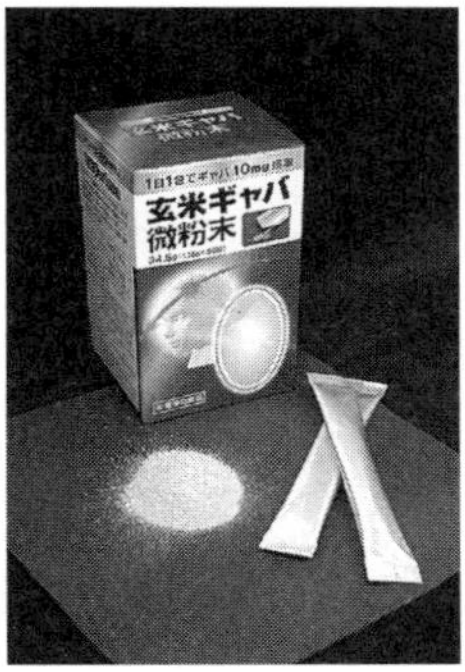

「玄米ギャバ液」を進化させた「玄米ギャバ微粉末」。腐敗対策、軽量化、ごみ問題の解消と、あらゆる面で魅力を高めることができた。

ていた。いつでも携帯するのにドリンクだと重いし、粉末にすれば瓶も必要なくなるからごみ問題も解決できる。

そこで玄米ギャバの粉末化商品を考えた。ただ現OEM工場はドリンク専用工場のため、ここでは製造できない。

またOEM先を探すことになった。このころになると、業界の情報がある程度把握できていたため、OEM先とは3週間ほどで契約を締結するにいたった。その後商品化までのスピードは速かった。

クレームから2ケ月後、粉末化した商品「玄米ギャバ微粉末」が発売された。

クレームはクレームからしか学べない。そしてクレームの対応と問題解決のスピードこそが、その商品の実力である。

もし特許実施契約を締結後、自社工業を建設し商品を製造していたら、この対応はできなかっただろう。ドリンク製造ラインに設備投資した後、粉末製造ラインの増設なんて資金面ももちろん、商品化までのスピードはとんでもなく遅くなってしまう。これは固定資産を持たないことの強みだ。

マーケットに速く対応するには、すべてを自前で行うのではなく自社の強みを特化させること。ここにベンチャーの強みがあることを実感した。通常、メーカーは「開発」「製造」「販売」という三つが自社の中で機能して経営をしているが、これを経営の3次元とするならば、もう一つの軸、**4次元の軸**を考慮に入れる必要がある。

時間軸のことである。スピードを特化しさえすれば、資金面のリスク回避にもなり、小さい企業の強みにもなるのだろうと考えた。

名づけて4次元プランニング経営法。ファブレス、アウトソーシングという手法で事業を立ち上げることは、ベンチャーにとって有効な手段だ。

逆に農業経営は固定資産の塊みたいな経営、機械や施設といった固定資産の化け物みた

身軽な(固定資産の少ない)経営が、
利益を生む！

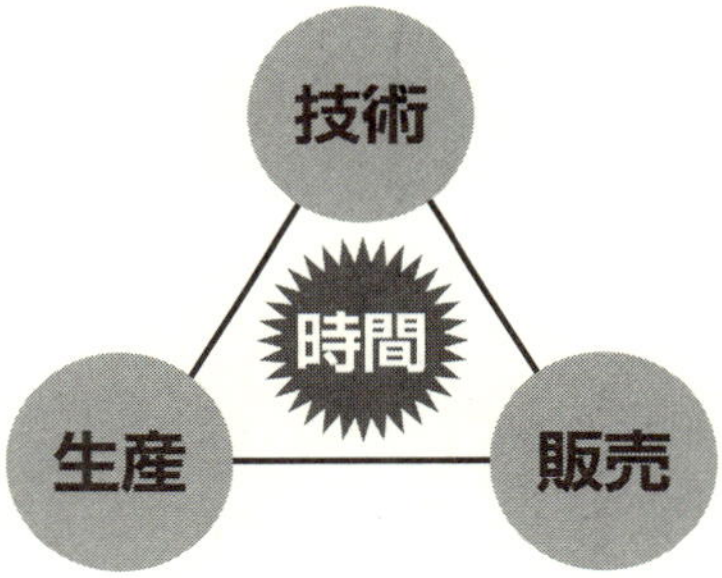

4次元プランニング経営法

↓

・技術は、技術移転してクリアする
・生産は、アウトソーシング
・販売は、代理店に委託

↓

ベンチャー企業にとって最重要なのは、
「時間」「スピード」。
時間を管理することで、
経営は効率化でき、利益が生まれる！

いなものがうじゃうじゃあり、しかもその固定資産のほとんどは使用されない期間のほうが長い。

利益は回転率が重要であるとコンサルタントから聞いていた。回転率を最大に上げるためになにをすべきか、固定費をできるだけ低く抑えることをやらなければ経営は良くならない。

それなのに、いまの稲作農業経営に関して国の施策の方向は、固定資産の購入に対して(血税である)補助金を出すというようなことをしている。これは経営を悪くする要因になりかねないのだ。

なにに投資すべきか——これが重要なポイントである。

農業経営であっても他産業の経営であっても共通項は、**回転率の良いものに投資する、これが大切である。**

一番回転率が良いもの、それは機械でもないし施設でもない。それは自分自身である。ほかの産業も人材育成に一番お金を投資している。

人が知恵を出し、考え、創意工夫して経営は成り立っている。これが経営の大原則である。しかしいまの農業経営では、年間数日しか動かない機械や施設に莫大な借金をして大投資をしており、それだから利益が出ないのは当たり前の話である。この利益が出ない方法で経営が苦しいから、今度は所得も国が補助するなんていうのはもってのほかだ。

農業経営が苦しいのは、農業自体に問題があるのではなく、その方法に問題があると考えるべきではないのか。

カネには困らなくなったけれど

玄米ギャバ微粉末はその後、通信販売会社ともコラボレーションして別ブランドでも発売した。

オリジナルブランドだけでなく、ほかのブランドでも商品化したのはこんなこともあったからである。

ライスクリエイトのオリジナル商品は私の思い入れが強すぎて、それが特定の市場にしか受け入れられずにいる。もう少し作り手の思いよりも、その商品自身の特徴を出してもいいのではないかと思ったのである。

商品の作り手のこだわりは必要であることは間違いないが、買う側のこだわりを常に意識しなければ商品ではない。要するに、作り手のこだわりは買う側のこだわりを超えてはいけないということである。これを超えると商品ではなく、単なる自己満足の趣味になってしまう。行政主導型で農産物に付加価値ということで農産加工品を作るときなどに、この傾向がよく見られる。


そしてこの別ブランドのギャバ商品、意外と売れたのである。いやはや、**驚くほど売れたのである**。

コメ糠が本来の白米販売の売り上げを軽く超えてしまったのだ。

さらに農家ベンチャーとかお百姓ベンチャーなんてコピーで、私が行っていた「持たない経営手法」が各新聞雑誌などに取り上げられた。当初農家のあんちゃんが10年前に夢見てた「将来日経新聞、日経ビジネス、日経ベンチャーに載るような経営をやりたい」という思いは現実のものとなり、ＮＨＫの『ビジネス未来人』という番組にも出演することになった。

グーグルで自分の名前を入れると２００件以上のヒットがあり、自分のしてきた足跡がネットから見える現実にも我ながら驚かされた。

商品が売れないときも苦しいが、実は商品が売れるともっと違う苦しいことがある。どうも「満足できない自分」が常に自分のなかにいて、私のしたいことはなんなのか自問自答してしまうのである。

周りからは成功者といわれたが、成功したという自覚はほとんどない。というよりまったくないし、満足感があまりないのである。

たしかに生活するカネに困ることはなくなったが、仕事としての、自分の生き方としてのなにか柱みたいなものを探しているときだったのかもしれない。

そんな時間が1、2年があり、やはり現状否定からしか物事ははじまらないと思い、別

2007年に出店した第4回エコプロダクツ展での、私の会社のブース。ライスクリエイトとは別に日本キヌカ株式会社という会社を立ち上げ、その会社での出展だった。展示したものは、原材料にコメ糠を利用した自然塗料。エコプロダクツ大賞推進協議会会長賞を受賞することができた。

の視点から現状を分析してみることにした。

その現状否定から生まれたのが「日本キヌカ株式会社」である。このキヌカの話は、後ほどゆっくりお話ししたい。

2章
幸福は、行動の積み重ねだけが保証する

新しいビジネスには「創発」、すなわち「新しい、価値あるものを創りだす力」がなければならない。

これまで農業は、特にコメは、誰も新しい価値創造をしてこなかっただけに、ある意味では、農業（そしてコメ）はビジネスチャンスの宝庫ともいえる。

そのビジネスチャンスのために、作り出す農産物の品質を高めていくというのは当然の話だが、アイデアを考え、ちょっとしたサービスを心がけるだけで、農業も「ただ農産物を生産するだけ」のこれまでの単なる農作業とは異なってくる。

「作業」と「仕事」の違いを考えたことありますか？

農業経営者として「仕事」と「作業」を意識して区別しているだろうか？

この二つの概念を整理して、きちんと区別することが大事である。

私はこう考える。

仕事とは、目標設定をし、数値的成果を出すことである。

ただ日々、淡々と与えられたことをこなすのは仕事ではなく「作業」なのだ。

この国が資本主義経済国家である以上「俺は仕事をした」というのは、ズバリ成果を数値的に出したときにいうことである。たとえ汗水垂らして不眠不休で働いても、その結果、成果が数値的にゼロの場合は、それは仕事をしたとはいえないのである。

また、たとえそれが与えられたのではなく自ら考えて行動していたとしても、その成果が第三者からわかるものでないと、大変厳しい見方かもしれないが、これもまた仕事とは呼べないと思うのである。

民間の仕事は、結果がすべてである。逆に公の仕事は過程（手続き！）がすべてである。この概念からすれば、公の仕事、これは本当のところ仕事でなく「作業」と呼ぶべきものである。

これからの農業経営者は、農作業はもちろん、それにプラスして「農仕事」をしなければならない。

問われるのは創造力である。

1

仕事を楽しく、効率的に！

中学生の職場体験

私は毎年中学生の職場体験を6名ほど受け入れている。中学2年生のカリキュラムで3日間、自分が希望する職場へ行き、体験する授業である。

行く職場はいろんな分野があり、ガソリンスタンドから保育園、スーパーや大型電気店とさまざまである。

その中でうちを選んできてくれたのだから、良い体験をしてほしいと毎年ながら思っている。

この職場体験で私が一番大事にしているコンセプトは、前項で述べた「仕事」と「作業」の違いである。

1日目6名の生徒が朝9時に集合する。まずしてもらうことは、商品サンプルに小さなシールを貼っていくことだ。簡単な内容説明をして開始する。

6名各自が、シールを黙々と商品サンプルに貼っていく。さすがに職場体験1日目で緊張していることもあり、みんな一生懸命である。

午前中3時間が終わり、昼食後またシールを黙々と貼る。さすがにシールを貼るだけの単調な内容だけに、だんだん表情がつらくなっている様子がわかる。

そこで一旦ストップして、6名の各自が貼った数を報告させ、それをホワイトボードで発表する。

その結果を見て、30分程度の時間で、みんなでもっと効率よくシールを貼れる方法を工夫するように考えるようにと指示を出す。

6名がそれぞれ、もうかれこれ4時間近くシールを貼ってきた経験からいろんな問題点や意見を出し合う。

そして出た結論が、2名ずつがペアになり、台紙からシールを剥がす役と商品サンプルに貼る役に役割分担してやることになった。

夕方、結果をまたホワイトボードで発表する。結果は前半戦のように6名が各自で貼るより、後半戦のペアのほうが30％も効率が上がっているというもの。

そして1日目の終了時に私が全員にこんな質問をする。「前半戦と後半戦とどっちが楽しかった？」

6名全員が、口を揃えて後半戦が楽しかったという。


2日目、3日目は私がシールを貼る数の目標設定をする。そうすると各自が自宅でどうやったら効率よく貼れるか、目標の数値にどうやったら達成できるかというアイデアを考え、それを持ち寄りながら、いろんなパターンに挑戦して創意工夫してシール貼りを行うようになる。

もちろん創意工夫しているのだから、当然効率も上がり、そして目標も達成できる。3

日目に目標達成したときには、みんな笑顔で大喜びだった。

シールを貼るという単純な作業でも、初日前半戦のようにいわれるがままにシールを貼るだけではつらい作業のまま。

しかし、みんなで力を合わせて創意工夫して行うことにより目標達成という結果が得られる。作業や仕事の違いは、それ自体の内容にはない。

それに**取り組む人の姿勢が、作業を仕事に変えることになる**のだ。

そしてなにより仕事が楽しいと思えること、これが一番大切なことであり、そのキーワードが「自分で創意工夫する」ということである。

2つの呼び名

農家では、よく「農業者」と「生産者」という2つの呼び方を使う。農業者は農業する人で、生産者は生産をする人である。

生産者という言葉は、私はあまり好きじゃない。生産者は生産だけしてればいいんだよなんていわれているみたいで……

これからの農業経営者がするべきことは、単なる生産だけの作業だけではない。するべきことは「仕事」である。決められたことを機械的にこなすだけ、これは作業である。

誰かに（国に）したがうだけの作業ではなく、自ら創意工夫して自己責任のもと、数値的結果を出すのが本来の仕事である。仕事ならときには我慢すること、辛抱すること、じっと耐えることもたしかに必要だ。

だがそれは、そのあとに実現したい「夢」や目標のための我慢であり、辛抱であり、忍耐である。

その夢や目標のための我慢でなく、ただひたすら理不尽な指示に従い、選択するという権利を奪われ、それに対し補助をもらうことが、我々農業経営者の仕事ではないはずだ。

いい仕事しようぜ！ 自分の夢や目標のために……

2つのコスト

経営は難しく考えると、どんどん難しくなり、逆に単純に考えれば、本当に単純なものになってくれる。単純だから役に立たないかというとそうではない。むしろまずは単純なところから考え、そこからおおよその行動の指針を出したほうが有効なのである。

まず経営にとって最終目的は利益を出すことである。そしてコストを削減すれば、そのぶん利益は増えるということは、小学生でもわかることだ。

ただ利益を出すために、経費ならなんでもかんでも削減するというのは、まったく得策ではない。ここが経営の難しいところである。

稲作経営では、規模拡大による低コスト農業とよくいわれるが、そこでは削減しなければいけない経費と、かけなければいけない経費、この2つのコストが**いまは真逆になってしまっている**。

2つのコスト

削るべきコスト

- 「見た目」重視の農薬
- 安価な化学肥料
- 高価な田植え機
- 巨大な固定資産

かけるべきコスト

- 「品質」重視の肥料
- 有機質肥料
- 土作り資源
- お客様の満足を高めるサービス

コスト削減の意識を持ちつつ、
かけるべきコストはどこなのか見きわめ、
商品の魅力を総合的に高める努力を
つづけていくことが重要！

国民は安心できるおいしいお米を望んでいるのはいうまでもない。この市場に応えるためには、コメの品質を重視した栽培をコンセプトにすることが最も重要である。

それでは、コメの生産コストで品質に一番影響するのはなにか？　それは堆肥のような土作り資材や肥料の質である。まずこの質（化学肥料が主流）を上げていくこと、たとえば良質な有機質肥料に替えていくことが重要なのだ。

ただ、なぜかいまの稲作の現場は、コスト削減というとまず最初に肥料の質や価格を下げることからはじまっている。

また、農薬散布のためのラジコン・ヘリコプターなんていうコストの化け物みたいなのを使ったりもする。またそれがコスト削減で効率的で最先端稲作だと勘違いしているところが怖い。

農薬を使用しないこと。これが実は一番のコスト削減であることはいうまでもない。

本来の品質重視からかけ離れた「見た目」を重視することによって、無節操な農薬使用や、海外からの安価な輸入化学肥料でのコスト削減は完全にマーケットを無視しているのである。

どうでもいいところにお金をかけない

本来コメの品質にはほとんど影響しないところに、多くの農家が膨大なコストをかけているのが現状である。たとえば、新品の田植機で植えようが中古の田植機で植えようが、五条で植えようが八条で植えようが、そんなことはコメの品質とはまったく関係はない。最新のコンピューターが搭載されたコンバインで刈ろうが、中古のコンバインで刈ろうが、これまたコメの品質には**少しも関係がない**。

大規模経営推進政策のもと、借金と補助金で導入された大型ライスセンターで乾燥調整しようが、従来からある農家の納屋で乾燥調整しようが、またまたこれもコメの品質にあまり関係しない。こんなコメの品質に直接関係ないコストに対して国は大きな補助金を出す。

しかしコメの品質に直接影響する肥料の質向上へのコストにはあまり補助金は出ない。最初にいったが、経営の重要なところは、コスト削減一辺倒ではなく、大事な部分にはコストをかけ、不必要なコストは思いっきり削減すべきだろう。

「同一品種同一価格」というマーケットを無視したコメの生産現場の概念を早く壊し、市場原理に基づいた生産現場の意識改革をしないと、このままではコメは食品の中で取り残された存在になってしまうかもしれない。

いやもう取り残されているのかな？　石油が高騰し、モノというモノがすべて値上がりしているいま、コメだけが大幅に値段を下げている現状を見ると、少しそう思えてしまう。

意識の国際競争力

何年か前に、幕張メッセで「国際食品飲料見本市」というビッグイベントが行われた。世界中のありとあらゆる食品、飲料が展示され、参加企業数はなんと２０００社を超えたイベントである。このイベントにはアメリカ米の展示や試食もあるとパンフレットに書いてあった。

もちろん私はすぐに東京行きの飛行機に乗った。なんといっても私の関心は「コメ」なのだ。一度アメリカ産のコメを自分の舌で味わい、どのようなものか確かめたかったのである。

このイベントはかなりの盛況で、会場の幕張メッセは人人人また人、さらに人人、そしてまた人、といった具合に人で埋め尽くされており、なかなか前に進めない。

人をかき分けかき分けして、ようやく入口に辿りつくと予想以上の規模で、食品という食品はすべてここにあるのではないかと思えるほど。

各所で商談が行われ、「ご試食どうぞ！　ご試食どうぞ！」の声が絶え間なく聞こえてくる。

まずはここに来た目的である、アメリカ米の試食コーナーまで歩く。正直にいって、アメリカ米に対してそれほど期待はしていなかった。

「怖いもの見たさ」というか（この場合は「怖いもの食べたさ」か）、アメリカの米が「どんだけー！」のものか試してやろうという程度に思っていた。

アーカンソー州のコシヒカリ、カリフォルニアのあきたこまちの2種類をおそるおそる食べてみたのだが、率直な感想はこうだ。「まずい」

これは「まずい」。いや意味が違う！　こんなコメが日本に入ってくると「(日本の農家は）まずい」と思ったのだ。

それまでアメリカ米といえば「価格は安いかもしれないが、味はひどいのだろう」と漠然と考えていたのだが、大間違いだった。

想像以上にうまいのだ。

さらに驚くことが出てくる。

味が良いのに加え、日本人の安全志向を捉えオーガニックライス（有機米）での提供だったのである。

徹底した栽培管理の説明を聞くと、思わず「うーむ」と腕組みしてしまうほど納得できるものだった。

「輸入米＝危険」「国産米＝安全」とはいえないのだ。

有機リン系の殺虫剤を積んだラジコン・ヘリをガンガン飛ばす国産米にこそ問題があるのではないかとさえ感じた。

さらに特に印象に残っている光景がある。おそらくは飛行機に何時間も揺られて日本にやってきたのであろう、アメリカのコメ栽培農家が、片言の日本語で「イラッショイマセ、ワタシガツクッタオコメ、タベテクダサイ、オイシイヨ」と、額に汗をかき、声を枯らしながら、来る人来る人に試食のご飯を渡している姿である。

そう、日本のコメ農家はアメリカの栽培規模やコストや価格の国際競争力に負けているのではない。

「自分たちの作ったコメを食べてくれる人たちが、お客様である」「お客様に喜んでもらうコメを作ろう」という意識において、完全に負けているのである。

日本のコメ農家はお客様の姿を見てもいなければ、意識もしていない。ただ価格だけの国際競争力を前面に出しての輸入米反対は日本の消費者から見ても、違和感を覚えるのではないだろうか。

2

自分で選び、自分で稼ぐ楽しい農業

選択できるという自由を十分に活かそう！

日本は現時点では、民主主義国家であり、主権在民であることが日本国憲法にも、国民の認識でも明らかであることは紛れもない事実である。

その中において最も重要視しなければならない権利は、すべての人が自由であるということにほかならない。

「自由」とは「自らを由しとする権利」、つまりすべての状況下において自らが「選択できる」という権利だと私は理解している。すべてにおいて自らが選択できるということは、選択することによって、その時点で、責任が生じるものである。だから、よくいわれるように「自由と責任は表裏一体」なのである。

これまで農業界では、この「選択する」という権利がどうもあやふやになっていた。そして農家自らが選択できる範囲が非常に狭いように思える。代表的な稲作では、この「選択する」という権利は、これまでほとんどすべて否定されてきた。

その象徴たるものが減反政策であったといえよう。生産者の選択枠の基本である「作る」「作らない」という選択が政策によりコントロールされ、作りたくても作れない、売りたくても売ることができない状況。そんな状況があまりにも長く続いてしまった結果、経営にとって最も重要である生産者自身が自ら選択するということを、農家は意識しなくなってしまった。補助金に甘んじているうちに、自己責任による農業経営という認識を麻痺させてしまったのである。

「選択できない」ということは、自己責任が生じないことでもあるため、出てくる問題や厳しい現実について言い訳が正当化され、誰かに責任転嫁することができることも事実だ。農家が経営的に苦しくなると　国が悪い！　農政が悪い！　というのはそのせいだろうと思う。

また国も、これまで農業における経営の選択肢を奪ってきた以上、それを受けざるを得ない。選択できるということは、時には苦しいことであり、リスクの大きいことでもある。

しかし、選択できるということが権利として認められている恵まれた時代にありながら、従来どおりの環境に甘んじていては、選択できるという権利の獲得に戦ってきた歴史に対して、申し訳が立たない。もちろん、そこに新しい展望は開けないだろう。

いまや、誰もが農業という仕事が選択できる。生産量や面積が選択できる。販売先が選択できる。経営方針が選択できる。

そして自分の夢が選択できるということを、常に認識して自己責任において行動すれば、**活路は見えてくる**はずである。

その向こう側にしか本当の意味においての、我々農業者の幸せはないと思うのである。

いま、我々が勝ち取るべきものは所得保障でも価格保証でもない。ただただ、当たり前の権利である「選択できるという権利」！　これだと思う。

地獄への道は善意で敷石が敷き詰められている

誰かに（国に）したがっていれば、たとえ失敗したとしても「それは自分の責任ではない」と弁解できる。本当のギリギリ崖っぷちで、決断を迫られることもない。

誰か（国に）に自分の行く末を任せ、リスクを引き受けない。この安全地帯で生きている以上、自分の限界をいつまでたっても超えることができない。

挑戦する精神を忘れ、いつのまにか現状維持だけを求めるように人はだんだんなってくる。もともと生まれたときに備わっている生命の躍動感もなくなってくる。

ここまでいうと「おいおい、ちょっと待てよ。お前、いいすぎじゃないか」という声が聞こえてきそうだ。かなり悲惨な人生観ではないかと。

そこでこんな話をしよう。

実はこの話かなり有名な話なので知っている人も少なからずいると思う。

ヨーロッパのデンマークに、ジーランドというところがあり、そこに湖があります。とても綺麗な景色の湖で、ハムレットの舞台となったお城があるところでもあります。

その湖に毎年、野生の鴨がやってきます。野生の鴨は餌を求めて何千キロという長旅をしてこの湖に降り立ちます。とても過酷な旅をして疲れ果て、途中体を休めるためにこの湖に降り立つのです。その姿を毎年見ていた湖岸に住む一人の気の優しい老人がいました。

「かわいそうに、さぞかしお腹も空いていることだろうに」

老人は餌を鴨たちに与えはじめたのです。

鴨たちは体の疲れを回復するために、老人が与えてくれた餌を思う存分食べました。

そしてまた時期がくると、はるか遠い旅にその躍動的な翼を広げて飛び立っていくのでした。

ある年のこと、この湖に降り立った鴨たちがこんなことを考え始めたのです。

「ここはとても景色も良いし、餌もふんだんに与えてくれる。俺たちが生きていくうえで申し分のない環境ではないのか」

「なにも毎年、餌を求めて何千キロもの過酷な旅に出る必要はないのではないか」

多くの鴨たちはそう考え、この湖に永住することに決めたのです。気の優しい老人はなついてくる鴨たちに毎日、餌を与えました。

それから数年、鴨たちは不自由なく暮らすことができました。

何年か経ったある日、鴨たちはいつものように餌場でその老人の来るのを待っていましたが、いっこうにその姿が見えません。

老人は昨晩老衰で死んでしまったのでした。

鴨たちは餌を与えてくれる人がいなくなって途方に暮れていると、時期を同じくして、湖の向こう側にある山から雪解け水が濁流となって湖に押し寄せてきました。鴨たちはあわてふためき、翼を広げて飛び立とうとしましたが、すでに醜く太った鴨たちは、以前のような年に千キロも飛んだ翼の勢いもなく、そのまま濁流に呑まれて息絶えてしまいました。

たわいもない話なのだが、いまの農業農政の現状とこの話を重ねてみるとなにか見えてきませんか。

敵は本能寺にあり

いきなりだが、「低温火傷」をご存じだろうか。

その温度では通常火傷はしないのだが、長時間その温度が続くと火傷状態になるというものである。

いきなり熱いものに触れば、悲鳴を上げて、すぐにその状態から身を守るため火傷も軽傷ですむ。

しかし、気づかないうちに火傷してしまうのが「低温火傷」だ。

たとえば、蛙を熱いお湯に入れると、驚いてがむしゃらにその場から逃げる。しかし、少しずつわからない程度に、水からぬるま湯にし、徐々に温度を上げていく場合はどうだろうか。

これは低温火傷と同じようになり、だんだん温度が上昇しているにもかかわらず、その温度に体が慣らされていくために、身に危険が及ぶ温度が感じられなくなり、低温火傷どころか、最後には蛙は死んでしまうのである。

いきなりの環境変化である高温に対して反応するのは、生き物すべてに共通する生きていくための本能である。

農業政策のいうソフトランディングと、なんとなく似ていると思うのは私だけだろうか。ここ数年、極端な不作の年を除けば、米価は毎年下落し続けている。

しかもソフトランディングという政策で、現場農家への影響を緩和するために補助金をつけることによって、米価が下がるにしても徐々に少しずつ、わかりにくいように下落しているのが現状だ。

一昔前、農家の間では、「米価が1俵1万5000円を切ったら、稲作経営は成り立たない」といっていたにもかかわらず、現在米価は1万2000円前後である。

減反面積も同じである。10パーセント前後の減反率からスタートしたとき、「20パーセントを超したら成り立たない」と現場農家はいっていたが、現在30パーセント以上の減反率が当たり前のようになっている。

それでも農家の意識が変わらない。

誰だって自ら進んで危険な熱いものに触って驚きあわてふためくことは避けたいところだろう。できるなら、一生涯避けて通りたいと思うだろう。

しかし、いつの間にか低温火傷で、訳がわからない間に、全身大火傷状態で再起不能になるのは、これは最悪の自体である。

いま、自らの意志で少しでも熱いものに触れ、指先の火傷を何度も経験することが、自分の責任においてできる。

あなたの経営にとって、実はそれがソフトランディングなのである。

そこで一句「井の中の蛙、蛙であることを知らず」。我々はまだ熱いという感覚から飛び跳ねる本能は持っているはずである。

農業護送船団は不沈船？

いまの農家を取り巻く環境は、戦後の農地解放以後に国から押しつけられた協同組合という社会主義的イデオロギーに、少なからずトラウマのごとく縛られている。

戦後国が農業護送船団を作り、農政という旗印の下、その船に補助金という燃料を湯水のごとく注ぎ込みこれまで進んできた。

そしてその護送船団は国の護衛艦隊に保護されながら時代とともに肥大化してきた。その結果この国の主食である米の価格は世界一高い。

この理由は農地面積が小さいだけでなく、農家のコスト管理が未管理なだけの価格高であることは、もう国民はうすうす気づきはじめている。

一方、農業護送船団は、いまでも農家にとって居心地がとても良い。価格が下がれば補填、所得が減れば所得補償とリスクはすべてお任せ状態である。

船の外では、世の中が急激に変化し大嵐が吹いているにもかかわらず「俺たちはこの国の食料を担っているんだぜ！」なんて捨て台詞を言いながら、護送船団はこれからもずーっと安心の印！　不沈船だと思っている。

呪縛からの解放

他産業を見ていると世の中の変化が見えてくる。かつて他産業も銀行やゼネコンに代表される多くが護送船団があった。

しかし、これだけ急激な時代の変化に国の護衛艦隊では面倒がみきれなくなったいま、いくら世の中が不景気になっても銀行や保険会社が潰れることはないという神話は崩れた。一部上場企業が突然倒産したり、他産業ではこれまでの常識はすべて一気に非常識になった。

彼らの一部は自己責任で護送船団から離脱し、これまでの常識であった企業内だけで情報やモノのやりとりをしていたのをやめ、異業種との連携を始めたのである。

モノだけでなく情報までもボーダレス化し企業の外壁を崩し共有化した。ピラミッド型縦社会の構造から、横の連携によるネットワーク社会へ進化したのである。

企業としてではなく、あくまでも個々の繋がりを重視しその連携に力を注いだ企業が、将来を担える経営になっていったのである。

大企業といわれる会社も単独ではプロジェクトを行わないようになってきている。コンソーシアム（共同事業体）としてお互いの役割を尊重し合い、ネットワークにより双方が利益を上げようという方向に進んでいる。

産業とは、役割分担によりその効率性を十分発揮し、初めて存在意義が認められるのである。役割分担が外から見えにくく複雑化し肥大化した護送船団では、異業種との連携は不可能である。この国の農業護送船団がさまよっている大海はいま大嵐がさらに台風になりつつある。

目先の損得を見れば、いま大海に飛び出るのは得策ではないし、自殺行為にも見える。ただこのまま乗船していると、かつて倒産した銀行や保険会社のようなことになるのは普通常識的に考えても予想できることである。

農業の可能性を開花させるためには異業種と個々の連携に重点をおき、この台風が吹き荒れている大海を自分の船で自分で漕いでいくしかないのだろうと思う。

それに挑戦することが農家を社会主義的イデオロギーの呪縛から解放し、資本主義社会のこの国の新しい農業の産業としてのかたちが作られてくるのだろう。

我々の将来は誰も保障してはくれない。ただ、**我々の未来は行動の積み重ねだけが保証するのである。**

頑張れないと頑張らない

近年、日本社会に格差が広がっているとの話題が巷に広がっている。世論調査では、格差社会が「良い」「悪い」で、ちょうど50%ずつの半々で両論が均衡している状況である。

また一方で、年齢の10倍の数値以下の年収所得だと「下流社会人」だという言葉も出はじめている。小泉元首相は競争原理主義者で、あの構造改革はますます社会的格差を広げているにすぎないという批判の声が多くある。

そして、格差社会の代名詞のようにいわれているのが、勝ち組・負け組という表現である。その勝ち組の代表格であった人物、ライブドアの堀江貴文氏は、いまや負け組の代表格と呼ばれるのかもしれない。私自身考えるに、いま社会で起きている格差現象はこの勝ち組・負け組という格差ではないと思うのである。

勝つということや負けるということは、そこに戦っているという事実があり、その結果として、勝ち負けが存在する。

堀江氏は違法行為があったにせよ、いまの世の中の常識という矛盾に対し挑戦し戦ったことだけは間違いない。つまり戦ったものだけに、与えられる名前が「勝ち組」「負け組」である。

その「勝ち組」「負け組」、それ自体は両極に存在するものではなく、同位置に存在し、常に紙一重の状態でその位置を保っているにすぎないと思えてならない。

では、その相反する極にいる人間はなんなのか。ズバリ「待ち組」である。この「待ち組」は誰か（国）がなんとかしてくれるだろうと待っている人をいう。

格差社会の本質は、この「勝ち組＋負け組」と「待ち組」との格差が大きく広がっている現象だと感じる。その結果を表面的に捉え、単純に所得の格差のみクローズアップして、そこだけが誇張されているように映るのである。

そんな考察もなく、ただただ格差是正をという議論は、国のあり方を議論することにおいて、あまりにも浅いといわざるを得ない。

そして、この所得格差をなくす方向は、我が農業界でも、同じ流れの方向を示している。「他産業並み所得の確保」という命題のために行う最終手段は、直接所得補償。農林水産省の行う施策中でも、減反政策の愚かさを超える**愚策中の愚策**である。

これは「食糧生産の基盤を守るため、自給率向上」というお題目になっている。だがこの政策は、数年後、このお題目を裏切る結果を出してしまうにちがいない。

高齢者や障がい者、さらに国外でも環境条件（貧困、紛争など）で、頑張れないことは往々にしてある。

世の中には、頑張りたくても頑張れない人たちがたくさんいる。

そんな頑張りたくても頑張れない人々は、全員で支え助け合わなければいけないこれは間違いない。

しかし「頑張れない」のではなく「頑張らない」人は、みんなで助けては絶対にいけないのである。この格差是正を議論する前に「頑張れない人」と「頑張らない人」を分ける必要がある。

治安崩壊を防ぐために格差をなくす、それで「頑張らない人」もみんなで助けたなら、治安崩壊どころでなく、秩序が崩壊し、国家が崩壊する糸口になるだろう。

私たちは、大きな選択肢を間違えてはならない。我々農業者は、本当に頑張れない人たちなのだろうか。頑張れないと思っているにすぎないのでないだろうか。

いまその質問を自分自身に問いかけてほしい。

我々は頑張れないのではない。直接所得補償を受け取れば、いつのまにかそんな疑問すら浮かばずに農業を営むことになってしまう。

頑張らない人が、この国の食糧を担うことは、国民にとってあまりにも不幸なことである。

足を引っ張るより手を引っ張る平等感を

農村はむかしから格差を嫌う社会だ。不公平感に敏感である。「出る杭は打たれる」ということわざに象徴されるように（これまで私も頭が陥没するくらいに叩かれたが）、農村社会はみな同じというのが根底にないとどうもストレスがたまるらしい。

みな同じであるということ自体に反対しているわけではない。できるなら「みんな平等」それがいいに決まっている。

私が問題にしているのは、その**平等へのスタンス**である。その平等への志向が「悪のスタンス」なのか「善のスタンス」なのか、ということが問題なのである。

いまの農村を取りまく環境は、まさに農業政策を含めすべてのスタンスにおいて「悪の平等」という概念がはびこっている。

たとえば、頂上を目指す山登りの際に、先頭で頑張っている人間の足をみんなで引っ張り、山頂制覇を全員であきらめることで「平等感」を共有するより、先頭の頑張っている人間と手を取り、手を結び、お互い引っ張り合いながら、山頂制覇の達成感を共有する平等感のほうが大事なのである。

この2つの平等感の意味を農村社会で考えることが、本当の意味で格差是正につながると思う。

3 パラダイム・シフトを見据えて

諸悪の根源はダメだという考え

政治問題で、たとえば年金問題や郵政民営化などは与党内でも方針が異なり戦々恐々、ましてや野党、それも共産党となれば、まったく与党と異なる政策であるのはこれまでの慣例である。

しかしこの農業政策での所得補償制度については、民主党は選挙を意識して、全農家を対象とするとか、1兆円の予算確保で農家の所得補償なんてことまでいう始末だし、共産党はさらに所得補償だけでなくこれまでの価格補償も同時にやれという。

　農林水産省の一部の志の高い人たちがこの国の農業の行く末を案じて考えた専業農家へ施策を集中させる政策も、自民党が勝手に30年前へと逆戻りさせた。

　金を出すことと、農業という産業を守ることは別であるということ、また、その金で、農業者の生活を守ることが日本の農業を守ることにはならないということ、ましてその先には真逆の結果が待っており、自給率向上なんていうシナリオはありえないということ。そしてなによりも貰った金では農業者自身が本当の幸せにはなれないということである。でも、どうしようもなく農業に、この直接所得補償政策が出てきてしまうのはなぜだろうか。

　それはただ、みんながみんな農業に関わる全員が、つまるところ「日本の農業はダメだ」という考え方が根底にあるからだと思うのだ。

　日本の農業はダメであり、このままでは良くなる可能性はない。だから価格補償や所得補償をしないと守れないという理論である。

日本の農業がダメなんじゃない。日本農業がダメだという考え方が、実は日本農業をダメにしている最も大きな要因なのである。

もう一度いうが、日本農業はダメなんかじゃない、**ダメだという考え方、発想がその可能性を封じこめ、ダメにしている。**ここをしっかり分けて考える必要がある。

人間は生涯にその能力の数パーセントしか使わないといわれているが、その数パーセントしか使えない最も大きな要因は、自分自身が自分の能力を信じないからだといわれている。

無茶苦茶は承知で書いてますが……

もちろん私の内容は無茶苦茶で非現実的だという人が多いだろう。世界各国のＧＤＰ

と日本のＧＤＰを比較すれば、コスト面で農産物は国際競争で戦えるわけがないし、農業の多面的な重要性を認識している欧米諸国でも、直接所得支払いは行われている。

もちろん、いまの農家経営状況からみれば、この所得直接支払いもやむを得ないことも重々承知で書いている。

だが、もし農業経営者として生きるのであれば、仕事の内容が問われるべきだし、その仕事に対して数値的成果を要求されるべきである。

それは生産原価の把握から始まり、生産性の向上、コストダウン、目標事業計画作成、さらに農産物の付加価値の創造、農業経営体としてのその数値的成果である。

その成果として所得が直接支払いされるのではなく、いまのような単なる面積規模だけを直接所得補償の要件にするのは、まして民主党のような全農家に対してなど、それは仕事の評価ではないだろう。それは単なる農作業労働者への作業量に対する賃金払いとしての意味合いに終始してしまう。

これではこの国の「農業の効率的かつ安定的な経営と食糧自給率向上」は永久的に無理である。

産業の特性はあなたの発想と行動で決まる

時代が変わろうとしているとき、パラダイムが変わろうとしているときに、これまでの概念がぶっ壊れる。

他産業をよーく見てほしい。いまから30年以上前、物流業界ではどうだっただろうか。物流といえば、企業間の大量大口物流のみで、小口物流は国鉄の貨物が主流の時代、各個人が最寄りの駅に荷物を取りに行くのが当たり前だった。業界では小口物流なんて利益が上がらない特徴があると考え、そんな事業は誰もやらないだろうと思っていた。

さらには、物流には既得権益がはびこり、新規の小口物流なんてものは入る隙間もない状態だった。そこで、あえてこの小口物流に挑戦したのが、いまでは誰もが知っている、クロネコヤマトの宅急便である。

もちろん出発当初から順風満帆であるはずがない。既得権を保守する業界からの圧力や、監督官庁との戦いの日々。

当初からずいぶん赤字を出しながらも「小口物流には、必ず産業としての未来がある。いまは時代の変わり目であるパラダイムシフトが起こっている」と確信し、頑張ってきた。

いまではどうだろうか、大量大口物流より遙かに個人小口物流は大いなる発展を遂げ、時代とともに私たちコメ業界にも大きな影響を与えたのである。

私自身、この物流の恩恵を実感している。いうまでもないが、生産者直送のお米がそれである。これこそ小口物流がインフラとして確立できたからこそ成り立つ事業である。そしてほかにもこの小口物流インフラから派生したビジネスは膨大である。

ほかにもこのような事例は他産業にはいっぱいある。

農業も決して例外ではないと思いたい。現状その産業が利益が出にくい特性があろうがなかろうが、ここだけは確信してほしい。産業の特性はその時代の風を感じ、その時代を担う者たちが、自分自身で創造し、考え、その信念に自分の一生を賭けて作り上げるものである。

そう、私は信じている。１００年に一度くるかどうかという大きなチャンスが、もうすぐ農業にやってくる。

3章

第一次産業が最先端産業になる

モノから命へ

小学生の社会の時間で産業構造のことについて学ぶ授業があるが、その授業では、農林水産業が第一次産業、工業が第二次産業、商業が第三次産業であるという。

いまでは、六本木ヒルズに入居してるようなＩＴ企業と呼ばれるような情報処理　携帯端末の企業を第七次とか第八次という時代でもある。

もちろん我が農林水産業の「第一次」という意味合いは「第一時的」なモノづくり、つまり原材料である農産物生産というところからきているのだろう。

これすなわち、この第一次、第二次、第三次………第七次、第八次という概念はすべてモノを中心としたモノを軸とした産業構造である。

たしかにここ１００年の産業と人の欲求という視点から見ると、モノが豊かで便利になることがより幸せであり、そのモノへの欲求が人の生活に進化をもたらしたことも事実である。

ただ、どうもこれまでの１００年の道と同じ道を、これからの１００年が歩むとは考えられない。それはモノに対する欲求が、だんだん弱くなってきているのではなく、モノよりも「あるもの」を求める欲求がだんだん強くなってきているように思うからである。

その「あるもの」とは**「命を守る」ということ**である。ＢＳＥ（狂牛病）にはじまり、鳥インフルエンザなど食からくる命への不安。また９・11のようなテロやイラク戦争、北朝鮮というような世界情勢からくる命への不安、さらに地球温暖化による環境変化、異常気象による食料不足からくる命への不安……。

というように、21世紀に入り、命がずいぶん危うくなってきている現状が目の前に混在している。そんな現代社会のなかで、あなたに質問を一つ！

あなたは携帯電話をあと何台欲しいですか？　ほとんどの人は1台あれば十分と答えるだろう。じゃ、テレビはどうですか、車はどうですか？　もっともっと携帯が欲しいですか、もっともっとテレビがほしいですか？　もっともっと車がほしいですか？

それよりも安全な食品や安心して暮らせる生活、地球環境のほうがいいという人が増えてきている気がするのである。

先ほどの産業構造の軸をモノから命へと置き換えてみると、あることがわかる。そう、命の軸では産業構造の概念が一変するのである。

一次的なモノづくりでしかなかった農業の一次の意味が変わるのである。

農業は命と一次的に関わる産業になるのです。

そして命と一次的に関わる産業が「農業」であるという新しい概念が生まれるのです。

いま最先端といわれている第七次や第八次産業、たとえば携帯電話をこれから1ケ月間使用できなくして命が危うくなる人は何人いるでしょうか。女子高生の中で「私死ぬー!」というのが何人かいるとは思いますが、**大丈夫!** 誰一人として命が危うくなることはありません!!

でも食べるものが1ケ月間なかったら、あったとしても安全な食品でなかったら、ほとんどの人の命が危うくなるのです。

モノという軸から「命の軸」に変わるとき、つまり産業構造のパラダイムが変わるとき、農業は最先端産業になるのです。

1 農業の無限の可能性

「コメ作り」から「コメ創り」へ

資源のない国といわれている日本であるが、私はそうは思っていない。資源というと、土の下から掘り起こすような埋蔵エネルギーである石油がまず思い浮かぶだろう。ただそういう考えは20世紀まで。21世紀の日本の資源は、これまで2300年以上耕しつづけた水田であり、またその水田から毎年収穫されるコメこそが我が国の資源である。

埋蔵エネルギーではなく、水田やコメのような地表にあり、太陽とのコミュニケーションによって生まれる循環エネルギーこそがこれからの資源である。ただ残念なことだが、いまの現状、コメは循環エネルギーとしての資源の役割は低く、認識もまだまだ低い。この循環エネルギーの役割を高めていこうというのが私の仕事のコンセプトであり、大げさにいうと私の「生き方」である。

この視点から物事を見ていくと、いろんなものが想像（創造）できる。私が先に取り組んだコメ糠からできるギャバもその一つである。

そしていま「コメは資源」という視点で創造したものが、コメから生まれた自然塗料キヌカである。人の生活は衣食住という3つに代表されるが、コメはもちろん食である。だが、かつての日本は「住」の中でもコメの役割があったのだ。

先人たちはコメ糠で床を磨いていたということから、この塗料という創造が生まれたのである。

このキヌカという名前には、木に糠を塗るという「木糠」という意味と、絹のような仕上がりになり、木の表情が変化するという「絹化」の2つの意味が込められている。

このキヌカで、私は1年半前にライスクリイエトとは別に、日本キヌカ株式会社という会社を立ち上げた。設立から1ケ月後、幕張メッセで行われたジャパンDIYホームセンターショーに出展し、いきなり「人と環境に優しい商品」で**金賞と審査委員会賞のW受賞！**

今年も同展示会にて出展し前代未聞の2年連続の金賞受賞。さらに昨年末には第四回エコプロダクツ大賞推進協議会会長賞を受賞した。うち以外は全社一部上場の超大企業ばかり。

環境という言葉が、どんどん国民生活の中で大きな位置を占めはじめてきたことが大きな後押しとなったと思うのだが、さすがにほっぺたを久しぶりにつねってみた。

キヌカのエコプロダクツ大賞受賞のプレゼン内容を記しておこう。

「お米から生まれた自然塗料『キヌカ』の原材料はコメ糠です。コメ糠は玄米を精米する際に排出され、そのほとんどが再利用されない産業廃棄物です。

DIYホームセンターショーでの表彰式で壇上に上ることができた。自分のやってきたこと、考えてきたコンセプトが評価されると嬉しい。この喜びが次の仕事への意欲となっている。

住宅用・建築用の自然塗料「キヌカ」。原材料はコメ糠で、これも環境・自然のことを考えてのコンセプト商品である。乾燥時間を早くするために、植物の種子の油を使用しており、無臭で、人への刺激がない。

かつて私たちの先人たちは、このコメ糠で床を磨き、家中をピカピカにしていたことをご存じでしょうか。むかしの日本は、お米を中心に食生活はもちろん、先人の知恵により、環境に負荷をかけない生活スタイルだったのです。

現在、住宅用建築用塗料のそのほとんどが石油を原料とした石油溶剤系塗料であり、製造から使用段階、廃棄の段階にいたるまで、環境への負荷ははかりしれません。さらにそれに加え、シックハウス症候群に代表される人への健康に対する負荷は大きな社会問題にもなっています。いま、私たちの主食であるお米、その機能性を最大限に活用すること、さらに消費減退で生産調整を余儀なくされている食用としてのお米だけでなく、住宅建築塗料用原料となるお米の栽培も含め、水田へ稲を植え、国土全体の全水田機能を保存維持継承することが大切です。

お米から生まれた自然塗料『キヌカ』は小さな小さなエコプロダクツですが、瑞穂の国の日本が環境負荷低減社会を構築するための、お米を中心とした循環型社会を構築するための大きな大きな第一歩です」

プリウスが逆立ちしてもできないこと

プリウスという車をご存じだろうか。

そう、トヨタ自動車で発売しているエコカーでそのトヨタ自動車といえばもう知らない人はいない超大企業である。

この超大企業が最先端技術を結集して作った車、環境という言葉を全面に出して全世界へ販売している。プリウスは電気とガソリンで走り、従来のガソリンだけで走る車と比べ、二酸化炭素CO_2の排出量が少ないというのが売りである。これが最先端なんてみなさん思っていたら大間違い、私はこのプリウスよりすごいものを作っている。

いわずとしれた米である。え!?　米がプリウスよりもすごいって?

小学校の理科で習った光合成って知ってますか!　木や植物は、太陽エネルギーで光合成をして、な、な、なんと二酸化炭素CO_2を吸収し、酸素を作り出すのです。他産業はすべて二酸化炭素を出す産業なのに対し、農林水産業は二酸化炭素を吸収し酸素を作り出し、その産物として食糧や木材を作り出すという最も現代に合った産業なのである。「地球環境」という点では、**米はプリウスよりも最先端**であることを知っていただきたい。

いくらトヨタが最先端技術を結集しても、プリウスは今後も光合成は絶対できない。こんな視点から農業をみると、産業構造のパラダイムが一変するときがすぐ近くまできているように思える。

エコ・マーケティングという発想

農業もマーケティングが大切な経営戦略になってきていることはいうまでもない。他産業ではこれまでのモノがない時代のマス・マーケティングからはじまり、モノが飽和状態になった近年では、ワンツーワンマーケティングという顧客の細かい心理や要望に応えることがより重要になってきている。

その中でこれだけモノが溢れ、環境問題や地球温暖化が指摘され、埋蔵エネルギーである石油が高騰してくれば、大量消費型社会から**循環エネルギー社会**にならざるを得なくなる。

地球温暖化に対して、消費者がなにかしなければという意識は実際、日に日に強くなってきている。ただ具体的になにをすればいいのか……みんな考えはじめている。

エコバッグを使う、こまめに電気を消す、空調温度を変えるなど自分でできることがある。

そしてもう一つは、環境に対する企業姿勢に共感し、その商品を購入するという行動である。企業とともに、環境配慮行動、つまり地球温暖化防止行動を共有している、と感じられるのだろう。

だから人々は、単純にモノを購入し消費するということから、モノを購入するにしても、そこにエコという商品コンセプトや概念がない商品は購入しないという傾向が生まれつつ

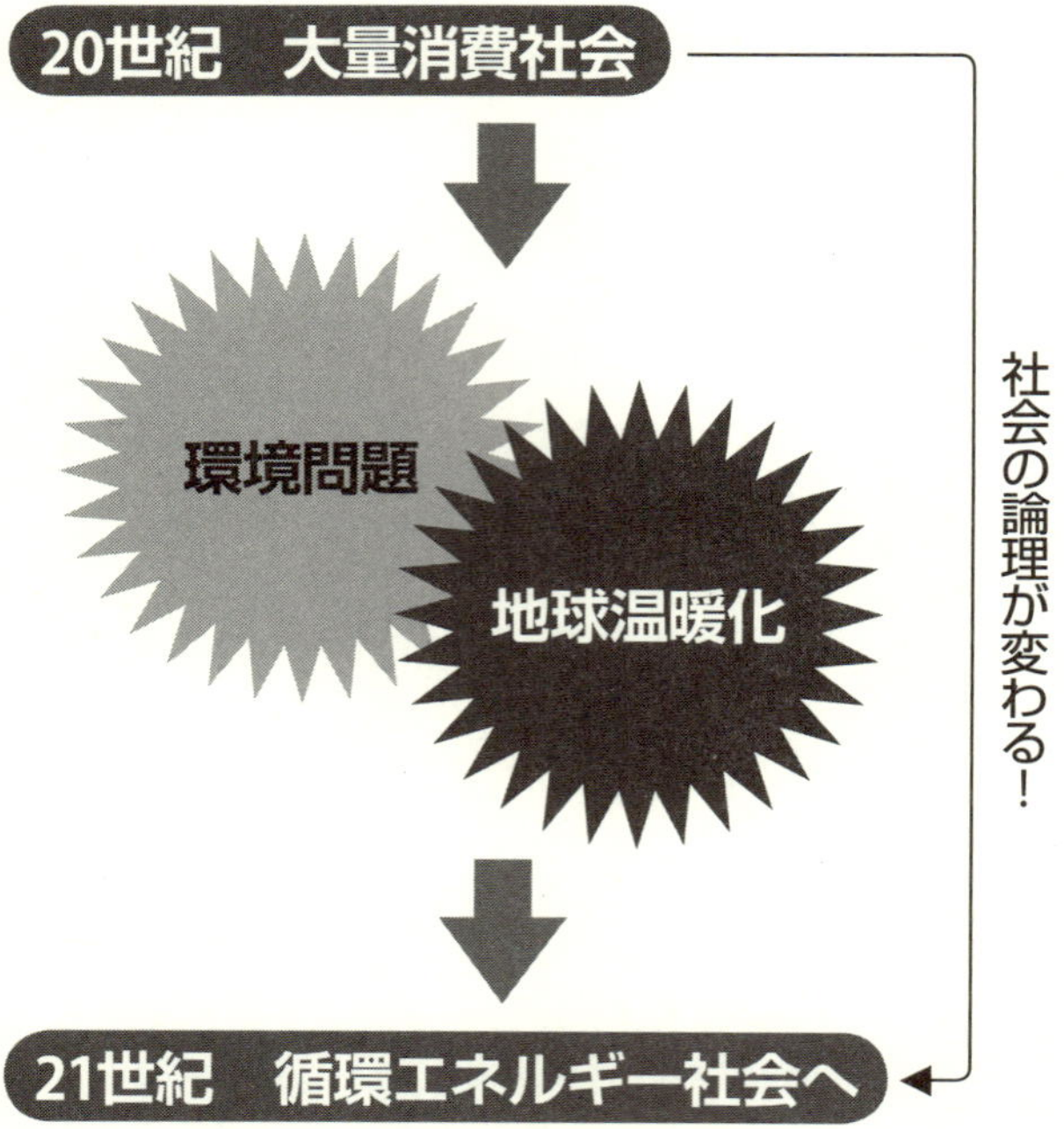

消費の対象も

「モノ」から「環境コンセプト」へ移行

消費者が共感・共有できる提案を創造していく

エコマーケティングの重要性が高まっていく

ある。

プリウスに乗っている人は「なんか環境にやさしい、いい人」というイメージを企業が生み、そして、そのイメージは再生産される。

これからの農業は、このエコ・マーケティングという発想から、消費者と**共感・共有できる提案を創造してくことが大切**である。

そして、それが最も強く打ち出せるのがこれからの農業である。

潜在能力を開花させる田んぼ

「癒しブーム」といわれて数年。

すでに「癒し」はブームというより、定着した感が強い。

先日、私自身が目の当たりにした現実から、農業の癒し的機能を垣間見ることができたので、まずこの章の最初はそのお話をしたい。

まず一つは、私が5年前より近くの小学校でやっている田植え授業でのことである。都会の小学生が田んぼに入ったことがないのは、その環境からして当たり前だが、田舎の小学生といえども、田んぼへ直接素足で入る体験は、いまでは皆無だという。そんな子どもたちが、どろどろの田んぼへ素足で入るまでには、毎年かなりの時間を要する。

彼らの生い立ちには、除菌抗菌世代の母親からたたき込まれた「泥というのは汚いもの」という潜在意識があるらしく、「気持ち悪いー」「汚いー」「わーわー、きゃーきゃー」としばらく騒いでいる。

田んぼに素足を踏み入れるまでは、その泥という敵に立ち向かうのが重要なポイントになる。

そして、その後**ある現象が起きる**。これは毎年目にする光景だ。

いったん足を田んぼへ入れると、瞬時に子どもの生まれ持ったDNAが蘇り、彼らの「潜在能力」が知識を一挙に超えるのである。

田んぼに入るや否や、子どもたちは田んぼの土と同調し、泥だらけになることになんら

毎年行っている田植え授業での風景。最初は緊張しながら、おそるおそる田んぼに足を踏み入れるのだが、じきにかまわず田んぼの中を走りまわる子どもたちを見ていると、田んぼの秘めた力を実感させられる。

ためらいもなく、全身どろどろになりながら、生き生きした笑顔で田植えをはじめるのである。

特に先生方が必ず口を揃えて言うのが、「いつもはおとなしく口数の少ない子が、大声でしゃべったり、田植えをしながらみんなの中にとけ込んでいく様子に驚かされる」ということだ。

これには科学的根拠なんていうものはなにもない。ただ毎年、子どもたちを見ている私にはわかる。田んぼの力はすごいってことが。

田んぼから全国衛星生中継！

私が25歳のときの話。実は田んぼの可能性を試したことがある。しかもそれは全国衛星生中継されたのだ。

その当時、私は地域の青年団の団長をしていた。青年団という組織も時代とともに形骸化され、元気がなくなりつつあるときだったので、我々だけでも元気を発信したい！ そこで我が青年団が企画立案実行したのが**「田んぼでディスコ」**である。

団長の私は、減反政策で田んぼでコメが作れないなら、俺たちは田んぼで元気を作るぜー！ なんて、25歳という果敢な時期でもあり、その実現に懸命だった。

もちろん青年団員は、私以外サラリーマンであったが、みんなは私の思いに賛同してくれ、その応援の輪が日に日に増し、ついに地域以外からもたくさん若者が参加してくれるようになったのである。

夕方、普段は薄暗くなりはじめている田んぼの風景だが、その日は一変した。電飾ピカピカ、ミラーボールまで登場し、「田んぼでディスコ」がうちの休耕田で開催された。もちろん前代未聞のイベントの噂がこれまた日に日に広がり、フジテレビの夕方6時00～の全国ニュースで衛生生中継という話まで飛び込んできた。パラボラアンテナを積んだ装甲車のような中継車が田んぼに来て、マジで全国衛生生中継されたのだ！

田んぼはダメじゃない。そこにいる人間が行動すれば活きる資源になるということを、この経験が私の細胞に刻み込んだのかもしれない。

ちなみにこの企画のキャッチコピーは「バカにするより、バカになれ！」であった。

アースにアース

田んぼの「潜在能力」で思い出すことがもう一つある。それは、都会に住む友人がそのまた友人たちを連れて「田植えがしたい」と、先日わざわざ東京から飛行機に乗ってやってきたときのことだ。

わざわざ田植えをしに、東京から往復の飛行機代をかけてくるんだから、物好きも相当な領域である。

メンバーの業種は会社経営者からサラリーマン、カウンセラーとさまざま。都会に住む現代人は、外で裸足になることもまずない。靴を履いたり、スリッパを履いたりしているから、裸足でも土に直に触れることはごくごく稀だ。まして日常生活で泥の中に素足をズブリと入れるなど、40年生きてきて、経験がないという人までいるくらいである。

彼ら都会人のはじめての田植え体験。あとで聞いてみると、いろんな感想が出てきた。

冷え性の女性が、冷たい水田の中に素足で入ったにもかかわらず、なぜか足がポカポカして気持ちいいという。夏でも靴下を二枚はいているくらいなのにと驚いていた。

あるサラリーマンは、田んぼに足を直に入れることは、電化製品のアースのようにストレスが足から抜けていくよう。地球と直接つながっている感じで、とても気持ちが落ち着いたと笑顔で話していた。「アースにアース」である。うまい！　座布団三枚!!

またカウンセラーが「**田植えセラピー**ってありかもよ」といったら、全員が口を揃えて、まさしくその通りと賛同した。

農家側から見ると、田植えはコメを生産するための農作業の一つという見方しかない。しかし、癒しということから農業がこの人たちの満足感に応えたことは確かな事実である。

農業はいろんな可能性を秘めている。農業＝食料生産というだけではないことを改めて感じた。

2 「幸せ」を提案する産業

「農業者」はたくましいメーカーであれ！

他産業を見ると、いろんなメーカーがその製品力で市場に挑んでいる。メーカーはもちろん「メイキング」を行うわけだから、モノを作り出すことが仕事である。

しかし、どのメーカーもただモノを作るだけに終始しているわけではない。そんなメーカーは一社としてないといっていい。研究開発から、企画、製造、販売……ありとあらゆることをこなして、メーカーとしてブランドを保っているのである。

誰もトヨタやソニーのようになれ！　といっているわけではない。農業もただ生産するだけというところから、小さくてもいいから研究開発、企画、製造（生産）、販売と一通りやっていくことが大事だと思う。

規模が小さくたって、これらをこなせば立派なメーカーである。私がコメを直売しはじめたころ、よく周りからいわれた言葉がある。

「あいつは農業者やめて商売人になった」

いまでも農業の世界では、モノを農協や市場（イチバ）以外に販売すると、すぐにこういわれてしまうような雰囲気がある。

しかし、私は「商売人」になったとは特に思っておらず、ただ私はただの**「生産者」をやめて、「農業者」になった**のである。

日清食品というカップ麺最大手の社長がテレビでこんなことをいっていたことが印象深い。「メーカーは提案力がなくなったら、メーカーではない」

メーカーという意味と、これからの農業をどうリンクさせるか考えるべきである。

人はみんな幸せになりたいという欲求があり、その「幸せ」の形を提案する力こそ、企業や産業にとって重要なものでなければならない。

マックvsコメ

現実問題として「じゃ、どうやって外国農産物と戦うのか」という土俵に、この農業界はすぐに議論が乗っかってしまい、毎度毎度の規模やコストで勝てないというごくごく当たり前の結論を土台にして施策が作られ、やはり保護するしかないということになっている。保護というのは、カネを出すことしかしないということになってしまいがちである。

しかーし！　私の見方はこうである！

先日こんなテレビ番組が放映されていた。「コギャル」といわれるような女子高生20名に、千円札を一枚渡し「これでいつもの夕食を買ってきてください」という趣旨の番組だった。基本的には自宅で食べるものではなく、外出の際、食べる夕食であった。

とても興味深く見ていると、まさしく予想通りの、コメ農家にとって寒ーい結果が発表された。

第1位はいわずとしれたマックである。**それもダントツである。**

第2位がスナック菓子。

第3位はパンであった。

「コンビニのおにぎり」と答えた女子高生が（20人中2人だけではあったが）いたことだけが少しの救いであった。

あと10〜15年経つと、女子高生のほとんどが母親になる。日本の主食はコメではなくなる日を予感させるテレビ番組だった。

いま日本国民が朝昼晩と三食ご飯を食べて、コメが余っているんならまだ良しとしよう。だが現実は、日本人の胃袋をマックに奪われ、コメ離れがどんどん進んでいるのである。

外国農産物とコストでとうてい戦えないという議論の前に、もっとコメはやることがあるんじゃないかと思えてならない。

コンビニのおにぎりからわかること

これまでコメをどうしたら美味しく食べてもらうかをほとんど提案してこなかったのだから、コメ離れは当然といえば当然の現実である。しかしコンビニのおにぎりを見ていると、コメの消費は「提案」によって増えるのではないかと感じさせるヒントが得られる。コンビニの売り上げは、パンよりはるかにおにぎりが上なのである。かつておにぎりの種類といえば、思い浮かべるのは「梅干し」か「おかか」程度であろう。

だが現在、コンビニで売られているおにぎりの種類はいくつあるだろうか。想像を絶する、おにぎりの種類がコンビニの棚を埋め尽くしている。コメはやはり日本人の主食なんなんだなーって、コンビニでわかる現実も存在している。

また一方、欧米ではハンバーガーやパンなど小麦や肉中心の食生活をコメ中心の日本型食生活に移行して、健康維持をしようという動きがあちこちで発見することができる。

こんなもう一つの現実からみると、米食離れはコメ自体の原因ではなかったことがわかる。**コメの食提案をいかにするか**によってコメの消費復活はあると考えたい。

携帯電話より大きな幸せを

女子高生と携帯電話は切っても切れない関係だということは、誰もが知っている事実だ。では、彼女たちはなんでそんな携帯に月2万円以上のお金をつぎ込むんだろうか。

それはつまるところ、携帯で「幸せ」になっちゃっているからだろう。人は誰でも、いつでも、幸せになりたいという欲求がある。それに応えたモノが、現在は携帯なのだろう。

携帯に2万円支払って、片手に100円マックという食生活（コメは選択さえされない）を送る彼女たちが将来、携帯にお金をかけるよりも、コメ中心の食生活で健全な食生活をきちんと送るほうが幸せであると感じる提案をするべきだろう。

実は日本のコメ農家にとって脅威となるのは、よくいわれる外国農産物でなく、携帯電話のほうである。

携帯電話に負けないような**「幸せ提案」**を考えることが重要である。

トレーサビリティとはコミュニケーションである

近年BSEに端を発し、鳥インフルエンザ、偽装食品問題、加工食品への農薬混入問題などが次々と発覚し、我が国の食品に対する信頼は崩壊しつつある。

これまで安い価格や美味さだけを追い求め、日々、体に入る食品にとって肝心要の、信頼に裏づけされた安全性をおいてきたことに対するしっぺ返しを食らったかたちである。

そこで登場したのが生産履歴の追跡システム。責任の所在を明らかにする、いま流行のいわゆる「トレーサビリティ」というものである。

BSEで大混乱した肉については、法的強制によって、このトレーサビリティを付け加える必要があるとし、また米などはこれから生産履歴を記帳したり公開するという動きだ。生産情報を公開する必要性自体には、むろん私もまったく異論がない。だが、実はこの裏側にあって、しかるべき生産者と消費者のコミュニケーションの欠落が、最も大きな問題であるように思えてしかたがない。

我が国は、高度経済成長以来、効率性や合理主義を追い求め経済発展してきた。そのため食生活は、生産側・流通側・消費側と独立したかたちとなった。

無機質なモノのやりとりだけが効率よくシステム化され、作り手と食べる側が有機的にコミュニケーションをとることは排除されてきた。

この結果、お互いがお互いを信用する関係が崩壊し、**食品の信頼性が生産履歴やJAS法での表示に頼らざるをえない状況になってしまった**。そこが問題なのである。

本来、生産側と消費側のコミュニケーションが常にとれる状態があれば、お互いの信頼関係構築によってその食品の安全性や品質、そして生産履歴などが明らかにされるのはごくごく自然である。

これは流通管理コストも低く抑えられ、食品自体の品質向上にも繋がる。しかし今のままの無機質な関係では、生産履歴や表示規制の強化による管理コストが、食品生産自体のコストにプラスされ、食べる側は食品そのものにお金を出すのではなく、その周囲に張りついた「信頼という情報の看板」に高い金を出すことになる。

いまこそ我々農業者が、コミュニケーションという提案を消費者側に示し、この責任追及システムとしてのトレーサビリティの概念でなく、**コミュニティーによる信頼関係**により、有機的な人との交わり手段としてトレーサビリティの概念を考えるべきである。

この国の食における、農業現場と消費の新たなる関係を真剣に考える時代がきている。

「考えてから行動する」を逆さまに

人は生まれてから物心ついたころに、親から「考えてから行動しなきゃ！」とたしなめられ、学校に行ってからは先生に「考えてから行動しなさい！」と忠告され、社会人になっても上司から「考えてから行動しろ！」と叱られて、幼少期からかれこれ20年以上、そういわれつづけているのではないか。そのせいで、どうも「行動」する前には必ず「考える」癖というか、そんなパターンが細胞にまで染みこんでいる。「三つ子の魂百まで」ということだろう。

でも人は考えてからなにかをできるかというと、実はそうそうまくできていないのが現実である。

考えた後も、また考えるのである。考えて考えてまた考えてその考えを踏まえてまた考えるという、どうも抜け出すことのできないスパイラルに入ってしまう。

そして気がついたら、もう年が……ってことになる。

じゃ、どうすればいいか。実に簡単明快な答えがある。逆さまにすればいいのである。つまり考えるから行動できないのだから、**考えなきゃ行動できるはずである。**

行動すれば、良い悪いは別にして、必ず結果が出る。その現実的・具体的な結果についての考え分析する能力は、人間なら誰にでもある。しかし考えることを先にすると、現実的・具体的な結果はついてこず、いつまで経っても空想の中だけでアレコレするだけで、時間が経ってくると、どんどんリスクばかり考えるようになり最後はヤーメタ！　ってことになる。

あの人は行動力がある人だというが、そうでなく、ただただ考えてないだけである。

でも一つだけ確認しておく。行動したあと、ちゃんと考えないとこれホントのバカである。

思考を止める合言葉は捨てること

私の大嫌いな言葉が「どうせ」である。この言葉、どんな人でも思考回路を止める合言葉になる。

「どうせ俺なんて」「どうせコメなんて」「どうせ」「どうせ」……特に、我が業界はこの「どうせ」が口癖になっている傾向が強い。実は物事がうまくいかないは、この言葉が最も大きな要因になっていると思えてならない。

この国の農業政策も与党から野党まですべて、行政も現場の人間もまるごと、「どうせ」という土台の上に考えが組み立てられているようだ。

だからカネを出すというアイデアしか出なくなる。

どうせ国際競争力をつけるなんて無理なんだから、どうせコストダウンなんてやったたって、どうせコメなんて食わないんだから、どうせ消費が増えっこないんだから……

そうじゃないんです！　農業はダメじゃない、コメはダメじゃない。実は農業がダメだという考え方が農業を本当にダメにしている原因の99％であることを理解してほしい！

コメがダメだという考え方がコメをダメにしている原因の99％であることを。

2300年間も作りつづけてきたコメがいきなり今になってダメになるわけがない！

「どうせ」という言葉がダメの本質であること。「どうせ」という言葉を捨てることがこの産業の可能性を作り出すまず第一歩である。

「挑戦」か「保護」か？　あなたはどっち？

この本の中で繰り返しお話ししてきたように、農業にはものすごい可能性がどの産業よりも多くある。

それはこれまで長い保護の歴史の中で、誰も手をつけてこなかったことも理由の一つである。また時代が、モノから命へと産業構造のパラダイムシフトが起こることも大きな要因である。そしてさらに大きな要因として地球温暖化対策が地球全体、人類全体の大きな課題として具現化し、その対策として行動を起こさなければならない時代に入ってきたことがある。

農業の可能性を開花させるビッグチャンスの時代に突入し、我々農業者がこれまで培ってきた農業現場の実践とその思いを十分発揮させ、提案力を身につけこの時代にチャレンジしていこうではないか。

農業者が「挑戦」でなくこれまでのように「保護」を選ぶのであれば、このチャンスは泡のように消え去ってしまうだろう。もうすでにこのことに気づき、農業の可能性をしっかりと見据えて、行動をしている人たちが他産業にたくさん現れだしてきた。**いまこそ行動の時である**。

いまから10年前、場所は東京国際フォーラム、私が国と特許実施契約を締結したことで、国際特許シンポジウムにパネラーとして呼ばれたときのことである。

アメリカのデュポンという世界最大の化学メーカーの副社長アランソン・ボーエン氏と同じ控え室だったことがあり、話をした。

自己紹介をしてボーエン氏が私に「あなたの職業は何か」と聞いてきた。私は「ファーマー」であると伝えると、彼は私の手を握り、いまは食糧としての農業だけがいわれているが、今後農業の概念は食糧から医薬へ、さらに医薬からエネルギーへと急激に進化し、それをサポートする技術開発も急速に進むだろうと述べた。

そのときは彼がなにをいっているのかよくわからなかった。だが、いままさにギャバのような機能性食品という医薬的効果をうたう商品が登場しさらに、バイオエタノールのような農業エネルギーが現実のものとなった。ボーエン氏は最後に私にこういった。これから10年から遅くとも20年くらい先には、あなたがた「ファーマー」の時代がくる、と。

そして、それに必要なものはたった一つだけ。**チャレンジしつづけることであると**。